INFLUENCE DES GRANDES ÉPIDÉMIES SUR LE COURS DE L'HISTOIRE

5-7, rue de l'École polytechnique, 75005 Paris

www.harmattan.fr

ISBN : 978-2-343-22046-8
EAN : 9782343220468

François BOLOT
Professeur agrégé
du Val-de-Grâce

Jean-François BOLOT
Professeur agrégé
à la Faculté de Médecine de Lyon

INFLUENCE DES GRANDES ÉPIDÉMIES SUR LE COURS DE L'HISTOIRE

Pour mieux comprendre la pandémie, un texte de 1979

L'Harmattan

SOMMAIRE

INTRODUCTION À LA NOUVELLE ÉDITION

Le cycle des épidémies fait preuve depuis les origines de la même cohérence.

Elles voyagent des fournaises des tropiques jusqu'aux glaces du grand Nord, se diffusent encore plus rapidement, maintiennent leur étreinte sur les populations qui doivent faire effort pour les identifier, les cerner et les combattre.

Le sujet demeure d'actualité.

AVANT-PROPOS

On sait que jusqu'aux conflits de la Grande Guerre et des suivantes, les pertes par maladie étaient infiniment supérieures à celles entraînées par les blessures.

On sait aussi que depuis les temps reculés jusqu'à la fin du XIXe siècle, des épidémies massives ont ravagé l'Europe et d'autres continents.

Non seulement elles ont modifié l'histoire des nations, mais encore, elles ont parfois entraîné l'anéantissement de certains peuples.

Les considérables progrès réalisés dans les domaines de l'épidémiologie, de l'hygiène et de l'urbanisme, permettent de pallier ces dangers qui nous menacent toujours.

Il nous a paru intéressant de retracer les grandes ligues de l'histoire et de voir les incidences qu'ont eues pour elle la survenue de ces grands cataclysmes, de souligner le rôle que les découvertes ont permis de jouer dans la pénétration de nombreux pays d'Afrique et d'Asie. Ceux-ci constituent encore une menace par les foyers d'infection qui continuent d'y sévir.

Nous n'avons présenté, dans cette vaste étude, qu'un aspect de l'histoire. Qui peut se vanter d'ailleurs d'écrire l'histoire autrement que sous un certain éclairage ?

Nous n’avons pas rédigé non plus un livre de Médecine, mais nous avons pensé qu’il serait bon de donner, chemin faisant, pour certains lecteurs, un tableau sommaire de ces graves maladies.

INTRODUCTION

Des épidémies graves ont souvent coïncidé avec des époques troublées et de grandes famines.

Elles ont souvent accompagné et suivi les guerres.

Elles ont souvent, plus que les armes, décidé du sort des batailles.

Cela paraît un problème du passé, maintenant que, grâce aux vaccins et sérums, grâce aux antibiotiques, nous pouvons prévenir ou guérir les plus grandes calamités.

La peste, le typhus, la variole, le paludisme, la fièvre jaune, pour ne citer que ces maladies, peuvent être enrayées, alors qu'autrefois elles tuaient les hommes par centaines de mille.

Certaines maladies comme l'ergotisme et le scorbut, qui prenaient des allures épidémiques, sont maintenant connues et facilement écartées.

Mais rien ne prouve qu'à l'occasion de cataclysmes, certaines de ces maladies ne causeraient à nouveau des ravages.

D'autre part, les germes eux-mêmes sont susceptibles de s'adapter aux moyens employés contre eux et nous les voyons reparaître, comme dans le choléra, sous une forme nouvelle.

Certaines maladies, comme la grippe et les arboviroses sont encore mal connues et capables de revêtir des formes tellement diverses et si rapidement diffuses que nous sommes mal prémunis contre leurs attaques toujours possibles.

La négligence des mesures d'hygiène et de prophylaxie modernes favoriserait le retour de la peste et du choléra. Que certaines conditions de climat, de misère, de famine, de guerre, réapparaissent et les germes de la peste jusqu'alors latents dont la réserve tellurique est inépuisable, se manifesteraient alors. Le choléra endormi depuis le début du XXe siècle, a fait sa réapparition en 1970.

LES « PESTES » DE L'ANTIQUITÉ

Nicolas Poussin, qui figure des rats dans son tableau de la peste d'Ashod, est en accord avec les relations de cette épidémie.

Netter, en 1897, a soutenu que le prophète Samuel, en mentionnant les rongeurs, avait eu la prescience du lien épidémiologique.

Certains auteurs ont rejeté le diagnostic de peste et soutenu, tantôt qu'il s'agissait de dysenterie, tantôt d'une bilharziose à Schistosomum Mansoni.

Elle aurait épargné les Hébreux jouissant d'une immunité relative et frappé les envahisseurs philistins comme le furent les soldats australiens en Égypte en 1915 et les troupes américaines à Leyte en 1945 (H. H. Mollaret).

De toute manière, il est prouvé d'après les travaux paléontologiques récents de Tchemov (Hambourg 1968), de X. Misonne (Tournai 1969), que le rat existait en Palestine depuis des temps immémoriaux, bien avant l'existence des Juifs et des Philistins. Le début de l'expansion géographique du rat noir — mus rattus — probablement originaire de la Malaisie, doit se situer vers le néolithique et peut-être avant.

La peste d'Athènes

La peste d'Athènes a été décrite par Thucydide au cours de la guerre du Péloponnèse entre Athènes et Sparte (431).

Périclès en mourut en 429.

Il semble qu'il se soit agi de typhus.

Thucydide relate que les hommes en appellent aux Dieux et que les temples se remplissent de suppliants, mais en même temps, le dérèglement des mœurs que nous retrouverons au cours de toutes les grandes épidémies se donne libre cours, les pauvres s'approprient le bien des riches. On est décidé à profiter de la vie avant qu'elle ne vous soit enlevée. Les lois ne sont plus respectées.

La description de Thucydide rapportée par Marcel Sendrail est bien celle du typhus exanthématique.

« La maladie préludait par une céphalée foudroyante compliquée d'un catarrhe oculaire, lequel ne tardait pas à s'étendre à toutes les muqueuses respiratoires et à provoquer éternuements, enrouements, toux épuisantes. D'emblée les patients ressentaient une fièvre si dévorante que les vêtements les plus légers leur semblaient intolérables ; ils voulaient rester nus et, en proie à une soif inextinguible, couraient se jeter dans les citernes. Le corps se couvrait bientôt d'une éruption rougeâtre, parsemée de multiples vésicules qui s'ulcéraient ». On connaît bien, au cours du typhus, la possibilité d'apparition d'eschares cutanées avec suppurations consécutives.

« Parfois la fin était hâtée par d'incoercibles et sanglantes diarrhées. La mort survenait vers le neuvième jour. Certains néanmoins étaient épargnés, mais les rescapés conservaient souvent des séquelles, amputations spontanées des extrémités, mutilation des organes génitaux, cécité, troubles mentaux ».

En 195 « la peste Antonine » éclate après la prise de Seleucie, ville de la rive droite du Tigre. On pense qu'il s'est agi de typhus exanthématique.

Marc Aurèle, vainqueur des Parthes et des Marcomans meurt de « la peste » devant Aquilée. Les pertes de l'armée romaine sont considérables. De cette époque date l'entrée dans son sein de nombreux barbares qui remplaceront les légionnaires.

Ces barbares deviendront généraux, puis empereurs et entraîneront la chute de la puissance romaine.

Au IIIe siècle, sous le règne de Gallus et Hostilius, une épidémie venant d'Égypte se répand avec une rare violence, en Grèce, à Rome et dans tout l'Empire.

Il meurt jusqu'à 500 personnes par jour à Rome et cette épidémie va durer quinze ans.

Au Ve siècle, des coups redoublés s'abattent sur l'Empire romain : invasions des Barbares et apparition d'épidémies massives comme la peste de Justinien qui est la première peste sûrement identifiée.

La peste de Justinien

Les tribus germaniques occupent la Gaule et l'Espagne,

Les Goths sont à Rome,

Les Saxons envahissent l'Angleterre,

Les Vandales se répandent en Afrique du Nord.

Cependant, Bélisaire, général de Justinien, reconquiert l'Italie. L'Empire paraît sur le point de se reconstituer lorsqu'éclate une des plus violentes épidémies de peste de l'histoire.

Partie de Peluse (Égypte) en 542, elle se propage « par intervalles réguliers de temps et de lieu à tout l'univers connu ».

Elle est décrite par Procope, historien du règne de Justinien en des termes qui se rapprochent étonnamment des descriptions que Larrey donnera plus tard de la peste, au cours de la campagne d'Égypte dirigée par Bonaparte.

Il remarque déjà que ceux dont les bubons mûrissent en suppurant ont de grandes chances de guérir.

En Gaule, Grégoire de Tours, évêque au temps des rois Childebert, Chilperic et Gontran, en fait une fidèle description.

La peste survint en 567 : Lyon, Clermont, Châlons, Bourges, Dijon, furent fortement dépeuplées.

La variole surgit à son tour en 582 et sévit pendant vingt ans aux côtés de la peste.

Ceci est exceptionnel dans l'histoire des épidémies qui ne se font habituellement pas concurrence.

La variole ne semble avoir sévi ni en Grèce ni à Rome.

Certains historiens soutiennent que la variole existait en Égypte il y a plus de 3 000 ans. Le visage de la momie de Ramsès V serait grêlé par la variole.

La variole qui s'installe au Moyen-Orient au VIe siècle semble venir de Chine par les caravanes de la soie.

De la variole, Marius, évêque d'Avenches en Suisse, puis Grégoire de Tours nous ont laissé de saisissantes descriptions.

L'évêque d'Avenches, pour la première fois, lui donne le nom de variole et décrit les pustules.

Le VIe siècle est par ailleurs marqué par des calamités de toutes sortes :

Éruption du Vésuve de 513,

Tremblement de terre d'Antioche de 526,

Slaves, Huns, Avares, pénètrent en Europe orientale,

La mort de Justinien, en 565, sonne le glas de l'Empire romain.

En 569, la variole frappe les Abyssins qui assiègent la Mecque. Les troupes abyssiennes avaient mis le siège devant la Mecque. Une épidémie de variole qui éclata parmi les assiégeants permit de sauver la ville et ses défenseurs. Il est vrai que cette année là voit la naissance du prophète Mahomet.

La variole s'étend rapidement en Italie et en France puisque le roi Dagobert en meurt en 638.

LE MOYEN-ÂGE

Le Moyen Age est marqué par les grandes étapes de l'An Mille, des croisades et de la guerre de Cent Ans.

Si le monde occidental se reconstitue sous Charlemagne (742-814), il est ensuite l'objet d'assauts multiples : invasion arabe et invasion normande.

L'invasion sarrasine amène la lèpre.

Les navires des Républiques de Venise, Gênes et Pise en rapportent les germes en revenant du Levant. Les pèlerins de Terre Sainte, bien avant les croisades nous l'apporteront.

Des léproseries nombreuses s'ouvrent, où s'entassent des malades affreusement mutilés, retranchés du monde, véritables morts vivants.

Enfin, du Xe au XIIe siècle, sévit le mal des ardents que nous connaissons maintenant sous le nom d'ergotisme. Ce mal est dû à des farines avariées par l'ergot de seigle qui est un champignon parasite.

Il peut également atteindre l'orge, le blé et d'autres graminées sauvages. En 945, en 993, en 1039, de véritables « épidémies » sévissent dans l'Angoumois, le Périgord et le Limousin.

Des millions d'hommes meurent à la suite de gangrènes extensives des membres inférieurs qui aboutissent à l'amputation spontanée.

Deux siècles durant, les *Croisades* ont poussé vers les pays d'Asie des millions d'hommes de l'Occident, « animés par leur foi, inquiets des progrès de l'Islam, attirés aussi par le mirage de l'Orient ».

Quand Urbain II et Pierre l'Ermite prêchent la première croisade, au concile de Clermont, l'Europe vient de vivre une période de misère avec calamités de toutes sortes : tempêtes et inondations présentées comme des châtiments du ciel.

Les pèlerins allemands, avant de se mettre en route, ont commencé par massacrer les Juifs accusés de toutes ces calamités.

Les croisés forment un « peuple en marche », mal ravitaillé, qui sera bientôt la proie de toutes les maladies.

L'empereur byzantin les voyant arriver, s'en débarrasse en les faisant passer par la rive asiatique où, mourant de soif et de faim, ils seront massacrés par les Turcs.

La croisade des nobles n'arrive elle aussi à Jérusalem qu'après des années de souffrances. La première croisade coûte la vie à six cent mille hommes.

À peine cinquante mille arrivent au but et vingt mille restent dans le pays.

C'est par une sorte de miracle permanent que se maintient le royaume franc de Jérusalem.

Godefroy de Bouillon meurt de la peste le 18 juillet 1100.

Au cours de la IIe croisade, conduite par Conrad III d'Allemagne et Louis VII, cinq cent mille hommes meurent.

Louis VII eût mieux fait de s'occuper d'Éléonore d'Aquitaine que de venir mettre le siège devant Damas.

La IIIe croisade perd les neuf dixièmes de ses effectifs, par suite de la famine et de la peste.

Au cours de la IVe croisade, le Doge de Venise et Baudoin de Flandre prennent Constantinople, dont le sac est resté fameux. S'étant avancés en Asie, les Croisés seront décimés par la peste bubonique.

Frédéric II, au cours de la VIe croisade, se rend à Constantinople par mer, mais il tombe malade et son corps expéditionnaire est gravement atteint par la dysenterie.

La VIIe croisade est marquée par le débarquement de Saint Louis à Damiette en 1250.

Les bateaux de ravitaillement ont été interceptés par l'ennemi. Les Français souffrent surtout du scorbut.

Au cours de la VIIIe croisade, Saint Louis se laisse détourner à Tunis à la demande de son frère Charles d'Anjou, roi de Sicile. De même que 20 ans auparavant, le débarquement en Égypte avait été effectué à la plus mauvaise période, l'opération de Tunis s'engage au mois de juillet.

La dysenterie sévit rapidement. Une des premières victimes est le fils du Roi, Jean-Tristan, comte de Nevers.

Le Roi meurt à son tour.

Son fils Philippe, qui sera Philippe III le Hardi, lui aussi touché par la maladie, survit.

La croisade doit être abandonnée.

Au cours des croisades, le pire ennemi n'a pas été le Turc, mais la peste, la dysenterie et le scorbut.

Si l'on en croit certains auteurs, ce sont les croisades qui ont amené le rat en Europe.

Le rat venant des déserts d'Arabie et d'Égypte aurait débarqué dans les ports de la Méditerranée.

Ce rat noir ou *mus rattus* a été délogé depuis par le surmulot (*mus decumanus*) venu des steppes de Mongolie au milieu du XVIIIe siècle, après avoir franchi la Volga « en masses serrées ».

Bien qu'il ne soit pas fait mention du rat dans la littérature grecque et romaine, ce que nous savons de la peste de Justinien, ce que nous ont rapporté Procope et Saint-Grégoire de Tours, ne laisse aucun doute sur l'existence de la peste et donc sur celle du rat, puisque c'est la puce du rat qui en est l'agent vecteur.

Qu'à la fin du XIIIe siècle, le rat ait pris possession de l'Europe entière et qu'au XVIIIe siècle ait eu lieu cette relève massive venant d'au-delà de l'Oural, nous n'en sommes pas étonnés, car nous connaissons la puissance dévastatrice et la puissance de reproduction de ces animaux, dont les zoologistes connaissent au moins 160 variétés.

Pour mieux comprendre cette maladie et les ravages qu'elle a causés, voyons comment se présente la peste. Nous emprunterons sa description à plusieurs auteurs, particulièrement à Politzer.

Après une incubation de quelques jours, voire de quelques heures, la peste débute brusquement par un état infectieux sérieux : maux de tête, vertiges, nausées, douleurs dans les membres et la région lombaire précédant l'apparition d'un frisson intense avec tremblements et secousses musculaires. La température atteint et dépasse 40 degrés. L'état s'aggrave progressivement. Les malades sont affligés d'un mal profond, atteints d'une faiblesse extrême, leur visage est congestionné, les conjonctives injectées, les narines dilatées, les lèvres et les gencives sont recouvertes de fuliginosités, la langue tuméfiée est recouverte d'un enduit brunâtre. Les saignements de nez, les hémorragies sous-muqueuses sont fréquents.

Tantôt le malade est agité, tantôt il est frappé de stupeur, la parole est difficile, les membres sont lourds et leurs mouvements incoordonnés. En même temps que la fièvre s'allume, les bubons apparaissent. Ces bubons se caractérisent surtout par l'inflammation des ganglions inguinaux ou axillaires, mais tous les ganglions de l'organisme peuvent être atteints. Leur hypertrophie est modérée, mais elle s'accompagne de périadénite et d'œdème. La température redevient normale entre le 6e et le 11e jour, après une série d'exacerbations vespérales.

La mort par défaillance cardiaque peut survenir brusquement, non seulement au cours de la phase aiguë de la peste, mais encore pendant la convalescence à la suite d'efforts insignifiants.

Si des signes pulmonaires viennent compliquer la maladie, le malade peut mourir dans un tableau de dyspnée intense avec cyanose.

Fréquemment, la suppuration des bubons s'installe vers la 2e semaine. À maturité, la grosseur d'un bubon pesteux peut varier de celle d'une noix à celle d'un œuf de poule. Les malades sont alors couchés, cuisses fléchies ou bras étendus, selon la localisation des bubons. Si les bubons ne sont pas incisés, des eschares et des fistules apparaissent et parfois des ulcérations importantes surviennent par mortification des tissus. On peut voir des « charbons pesteux ». Ce sont d'abord des taches ecchymotiques, puis apparaissent des vésicules qui se remplissent d'un liquide hémorragique. Ces phlyctènes sont entourées d'une plaque circulaire ecchymotique qui peut se dessécher ou s'étendre en se nécrosant au centre. Les ulcérations qui en résultent sont limitées par des bords taillés à pic, durs et rouges. Les charbons peuvent apparaître sur toutes les parties du corps qui ont été piquées par les puces, tout particulièrement aux chevilles et aux poignets.

Ils ont été souvent décrits au cours des épidémies historiques, notamment lors de la peste noire. Les charbons présagent le plus souvent une évolution favorable de la maladie, surtout quand ils sont isolés, mais parfois la dimension de ces charbons devient considérable, la nécrose arrive à dénuder les muscles, les nerfs et les vaisseaux, provoquant alors de graves hémorragies.

Au cours de la maladie, de nombreuses complications peuvent survenir : la peste est gravissime chez la femme enceinte, l'avortement ou l'accouchement prématuré sont la règle.

Les complications oculaires non exceptionnelles peuvent aboutir à la cécité.

La peste pulmonaire se propage d'homme à homme. L'origine en est la peste bubonique compliquée de lésions pulmonaires.

La céphalée et l'abattement sont alors intenses. Les signes généraux sont très marqués avec température élcvée. Les crachats sont muco-purulents, striés de sang ou constitués par une gelée visqueuse et rosée. Les signes révélés par l'auscultation sont souvent discrets, se limitant à quelques foyers de râles fins. La respiration de plus en plus difficile s'accélère et la majorité des malades meurent dans un véritable état de suffocation.

Les conséquences de la *grande peste noire du XIVe siècle* sont très importantes.

« Au début du XIVe siècle, l'Europe est prospère. Il y a 20 à 22 millions d'habitants en France.

De 1314 à 1317, des pluies prolongées entraînent de mauvaises récoltes et des famines.

En 1333-1334, des catastrophes en série s'abattent sur la Chine du Nord : inondations, villes englouties, épidémies de peste.

Les caravanes qui sillonnent l'Iran, la Turquie, la Mésopotamie, l'Égypte apportent la peste en Méditerranée, en Sicile.

De Messine, les marins des galères vénitiennes transmettent la peste en Italie. Elle se répand alors dans toute l'Europe, en détruisant les deux tiers de la population ».

Boccace, dans son Décameron, décrit la peste à Florence :

« Les citoyens s'enfuyaient les uns après les autres, on ne s'aidait plus entre voisins ; personne ne se souciait des membres de sa famille. Les malades restaient à l'abandon.

Le fléau endurcissait les cœurs, au point que le frère abandonnait sa sœur, la femme son mari ; pis encore, le père et la mère fuyaient leurs enfants. Les cadavres étaient rangés dans des fosses communes comme des ballots dans la cale d'un navire.

Partout les cimetières devaient être agrandis d'urgence et multipliés ».

Boccace parlait d'or, car il avait fui Florence et s'était retiré dans les Apennins avec quelques amis. C'est là qu'il écrivit son Décameron.

La secte des Flagellants, née en Allemagne, sema la panique et la peste. En Suisse et en Allemagne, on brûla des milliers de Juifs sur d'immenses échafauds. Le pape Clément VI prit leur défense, mais ne fut guère écouté car tous les grands féodaux voyaient dans ces exterminations un moyen de se débarrasser de leurs créanciers. Le roi Casimir le Grand les accueillit en Pologne et les importantes colonies juives de ce pays devaient, 6 siècles plus tard, être anéanties par Hitler.

La peste va jouer un rôle important dans le déroulement de la *guerre de Cent Ans* et dans l'apparition des troubles sociaux de cette époque.

En 1346, les Anglais écrasent les Français à Crécy et Calais tombe en 1347, après onze mois de siège.

Cependant, la peste sévissant parmi les troupes anglaises, Édouard III doit abandonner sa conquête et repasser le détroit.

Surtout il ramène la peste à Londres où la population sera décimée aux quatre cinquièmes.

Les épidémies entraînent de graves désordres sociaux.

« Des usurpateurs s'emparent de nombreux biens ruraux restés sans maîtres et créent une classe de nouveaux riches sans scrupule.

La main-d'œuvre vient à manquer, les grandes exploitations et surtout les monastères doivent abandonner le faire-valoir direct. Ils doivent concéder leurs terres à des tenanciers et l'on voit s'instituer le fermage. »

Les révoltes paysannes (Jacqueries), les brigandages commis par les hommes d'armes, mettent fin à toute prospérité.

La France n'est pas épargnée. Il meurt en Avignon plus de 150 000 personnes. Sur le galbe du tympan du portail sud de l'église Saint-Siffrein de Carpentras, dit porte juive, existe une étrange sculpture, inspirée par la peste.

C'est une sphère sur laquelle courent des rats. Elle est connue sous le nom de « boule aux rats » « boulo digari ».

Avait-elle pour but d'exorciser la malédiction divine ?

De toute manière, ces rats qui courent sur le monde prouvent que nos ancêtres qui ignoraient l'agent vecteur transmis par la puce du rat, donnaient cependant à ce dernier une place importante dans les épidémies de peste. Ils avaient sûrement remarqué cette recrudescence de rats crevés qui précède toujours l'apparition des épidémies.

Non loin de l'église de Carpentras, fut érigée au XVIIIe siècle, sous la direction d'Inguibert, la chapelle de Notre-Dame de Santé, en souvenir de la protection apportée à la ville lors de la peste de 1629.

Chaussinand fait jouer à la peste un rôle important dans l'extinction de la lèpre.

Il note la disparition d'un grand nombre de lépreux, à la suite de la pandémie pesteuse qui ravagea l'Europe de 1347 à 1350 et dont le total des victimes est estimé à plus du quart de la population. En effet, « toute épidémie touche en plus grand nombre et en premier lieu les sujets en état de moindre résistance et particulièrement les malades groupés en collectivités. Les lépreux qui vivaient dans des conditions misérables et se trouvaient confinés dans les léproseries, ont payé un lourd tribut à la peste. De même, les épidémies de choléra et variole ont contribué elles aussi à la disparition des lépreux. »

Enfin, les mesures coercitives prises contre ces malheureux ont joué leur rôle. Cette défense faite aux lépreux dans le diocèse de Bayeux au XIVe siècle en témoigne :

« Je vous défends de ne plus entrer dans les églises, moulins, fours ou marchés, ni de vous trouver en assemblées du peuple ; de laver jamais vos mains ni chose aucune qui soit à votre usage aux fontaines, rivières ou ruisseaux qui servent au public. »

« Je vous défends d'aller déchaussés hors de votre maison, ni sans habits de lépreux et vos cliquettes afin d'être reconnus de chacun ; de toucher quelque chose que vous pourriez acheter sinon avec un bâton ; de répondre sur les chemins à ceux qui vous interrogeront, si vous n'êtes sous le vent, de peur que vous n'infectiez les passants. Je vous défends de passer par les chemins étroits afin d'éviter les rencontres contagieuses, de toucher les petits enfants ni de leur donner aucune chose, ni à quelque autre personne que ce soit, de ne plus manger ni boire en compagnie, sinon des lépreux. »

Certains ont soutenu que la lèpre avait régressé parallèlement à l'apparition de l'extension de la tuberculose, causée par un germe voisin.

Bien que la lèpre n'ait pas modifié sensiblement le sens de l'histoire, arrêtons-nous un instant sur cette maladie qui remonte à la nuit des temps, déformant le visage et mutilant les extrémités des membres. L'Inde semble être un des plus anciens foyers, mais elle existait depuis longtemps en Perse, en Chaldée, en Chine, où elle est décrite avant Confucius, soit cinq siècles avant Jésus-Christ. Selon Tacite les Hébreux auraient été chassés d'Égypte parce qu'ils étaient infectés de lèpre. Manethon, prêtre et historien égyptien du IIIe siècle avant Jésus-Christ chiffre à 80 000 le nombre total des lépreux au moment de l'exode.

Lucrèce estime que l'Égypte est le foyer d'origine de la lèpre. Elle existait au temps des Pharaons, importée soit par les esclaves du Soudan, soit par les Hébreux, soit par les troupes rentrant des guerres asiatiques. Elle est très connue à Alexandrie, 300 ans avant Jésus-Christ. Les Phéniciens l'ont disséminée sur les côtes méditerranéennes d'où elle a gagné la Grèce et l'Italie au début de l'ère chrétienne, puis l'Espagne, la Gaule et la Germanie, pays dans lesquels elle fut amenée par les Romains.

Les invasions sarrazines la répandront encore davantage. Ensuite elle gagnera l'Angleterre, l'Écosse, l'Irlande, les pays Scandinaves et l'Islande. En Europe, l'apogée de ce fléau se situe aux XIIe et XIIIe siècles, puis elle décline à partir du XIVe siècle.

Elle fut introduite en Amérique par les conquérants espagnols et la traite des esclaves noirs.

Aujourd'hui, on la rencontre surtout en Afrique Noire et en Afrique du Nord, en Indonésie, en Océanie, en Russie méridionale, au Portugal, en Islande, en Suède, en Norvège et dans les pays baltes. Quelques centaines de cas persistent en France, traités maintenant avec succès dans des services spécialisés. On peut se demander pourquoi la maladie ne s'est pas rallumée en Europe, tous les lépreux n'ayant pas disparu.

La guerre de Cent Ans continue. Les Français sont à nouveau battus à Poitiers.

Jean Le Bon est emmené en captivité à Londres où il mourra.

Son fils, le futur Charles V, fera face à la révolution des Jacques et à celle des bourgeois de Paris, dirigée par Étienne Marcel. Aidé de Dugesclin et de Clisson, il appliquera à l'invasion anglaise la tactique de la terre brûlée et de la guérilla.

En 1360, Édouard III débarque à Calais, pensant se faire couronner à Reims, mais les paysans se sont réfugiés avec leurs récoltes dans les places fortes et châteaux.

Les Anglais décimés par la famine et la dysenterie jalonnent leur route de morts et traitent à Brétigny le 8 mai 1350.

La situation est mauvaise, les récoltes sont déficitaires.

De 1361 à 1363, la peste sévit à nouveau.

Il y a 17 000 morts en 4 mois en Avignon, à Paris on compte 70 à 80 décès par jour. De plus, les Grandes Compagnies formées de gens d'armes rendus à l'inaction, ravagent les campagnes, incendiant, pillant, violant et rançonnant.

Charles V les enverra se battre en Espagne sous la conduite de Duguesclin.

En 1368, les Anglais débarquent à nouveau, Charles V leur oppose sa tactique habituelle et c'est une troupe affaiblie et démoralisée que Duguesclin bat à Pontvallain.

Charles V a reconstitué une flotte qui, alliée à la flotte espagnole, domine le Golfe de Gascogne et la Manche.

Non seulement une flotte anglaise est anéantie à La Rochelle, mais les bateaux français entrent impunément dans la Tamise et des flottilles françaises dévastent les villes de la côte.

Une trêve est signée par Édouard III et Charles V.

Elle sera observée par leurs successeurs Richard II et Charles VI.

Le 14 août 1415, Henri V, âgé de 27 ans, qui rêve de reconquérir « son royaume de France » débarque à Harfleur et le 25 octobre, c'est Azincourt, où 15 000 Anglais écrasent les 50 000 hommes du Connétable d'Albret.

Mais Henri V ne profitera pas de sa victoire, son armée est décimée par la dysenterie et une semaine après, le 2 novembre, il repasse le détroit.

Profitant de l'anarchie du royaume, Jean-Sans-Peur, duc de Bourgogne, devient Maître de Paris en 1418 et gouverne la France au nom de Charles VI. Il désire se rapprocher des Armagnacs qui ont avec eux le dauphin Charles.

Une entrevue a lieu sur le pont de Montereau en 1419 et Jean Sans-Peur y périt assassiné par les fidèles du dauphin.

Le nouveau duc de Bourgogne, Philippe Le Hardi, conclut alors une alliance avec le roi d'Angleterre et s'entend avec Isabeau de Bavière, femme de Charles VI, pour livrer la France à Henri V.

Par le traité de Troyes, signé en 1420, Henri V épousait Catherine, fille de Charles VI et devait devenir roi de France à la mort de son beau-père. Isabeau de Bavière déshéritait son fils Charles VII au profit de sa fille Catherine qui était devenue reine d'Angleterre. C'est au départ une banale histoire de famille. Henri V allait mourir deux ans plus tard, quelques semaines après Charles VI.

Pendant ce temps, de sévères épidémies sévissent : la peste désole Paris en octobre-novembre 1418 et reparaît en 1421.

En juin-juillet 1422, la variole fait des ravages, entraînant beaucoup de morts et de nombreux cas de cécité.

C'est alors qu'apparaît Jeanne d'Arc, la Sainte de la Patrie, qui fut un prestigieux stratège. Elle délivre Orléans, bat les Anglais à Patay, fait sacrer Charles VII à Reims.

Fonçant sur Paris et Compiègne, elle avait pour but de séparer les Anglais des Bourguignons.

Après son procès et son martyre, la lutte reprend et la reconquête du pays se poursuit.

En 1450, à Formigny en Normandie, les comtes de Richemont et de Clermont infligent une défaite aux Anglais, commandés par Thomas Kyriel.

En 1453 à Castillon, non loin du château de Montaigne, les Anglais sont défaits dans une bataille où périt Talbot.

LA DÉCOUVERTE DE L'AMÉRIQUE

« Le 3 août 1492, Christophe Colomb et ses caravelles aux équipages de Catalans, d'Andalous et de Galiciens quittent Palos pour aborder le 12 octobre à San Salvador dans l'archipel des Bahamas. »

Ils sont, le 25 octobre, à Cuba, le 6 décembre à Haïti.

Les hardis navigateurs vont y rencontrer une compagne nouvelle : la vérole ; « les capitaines Castillans pour s'être montrés trop galants auprès des beautés caraïbes cueillirent les fruits vénéneux des archipels magiques » (M. Sendrail).

Ils vont aussi y rencontrer la fièvre jaune.

Christophe Colomb rentre en Espagne en janvier 1493 pour repartir le 27 septembre avec une flotte de 17 voiles.

Le 4 novembre, il aborde à la Dominique, puis à Porto-Rico.

Enfin, il retrouve Haïti le 21 novembre - le fort de la Natividad qu'il avait installé est détruit et sa garnison de 38 hommes a été décimée par la fièvre jaune.

Il fonde alors Isabelle puis découvre la Jamaïque.

La fièvre jaune sévit, Colomb en est lui-même atteint. Il reste dans le coma pendant plusieurs semaines et met plus de cinq mois à se rétablir.

Colomb regagne l'Espagne, le 11 mars 1496 avec des malades et des convalescents dont la vue déclenche une véritable terreur chez les Espagnols.

Oviedo déclare que leur teinte jaune est due à la soif de l'or dont ils sont possédés.

Mais, si les navigateurs rapportent la syphilis qui mettra 2 à 3 ans à se propager en Occident, les Espagnols font don à l'Amérique de la rougeole, du typhus, de la variole, de la tuberculose et de la lèpre. Avouons que cela valait le voyage !

Le 4 mars 1519, Cortès débarque à la Veracruz et va conquérir l'empire des Aztèques. Une épidémie de variole entraîne alors trois millions et demi de morts.

La variole associe à un tableau infectieux grave une éruption de vésicules qui deviennent rapidement purulentes. Son invasion est brutale, grave d'emblée se manifestant par un grand frisson avec élévation de la température à 40°. Le malade ressent de violents maux de tête, des douleurs le long de la colonne vertébrale, dans les articulations. Il souffre de crampes d'estomac, son faciès est vultueux. L'éruption est souvent précédée par un rash scarlatiniforme autour du bassin et de la partie haute des cuisses « en caleçon » ou autour des aisselles. L'éruption débute au front ou aux tempes, quelquefois aux poignets, puis elle atteint les membres supérieurs, le thorax, le dos, les membres inférieurs. Elle intéresse surtout la face, la partie antérieure du thorax et les surfaces d'extension des membres. On voit tout d'abord apparaître des maculo-papules qui se vésiculisent à partir du 3e jour. La vésicule apparaît au centre de la papule qui l'enchatonne. Pour une région donnée, les lésions sont toutes au même stade, ce qui permet de différencier la variole de la varicelle. Une erreur célèbre sur ce point est celle commise pour Louis XV. On l'avait cru guéri d'une variole survenue dans l'enfance, alors qu'il s'agissait d'une varicelle. Pourtant depuis longtemps, déjà, Sydenha (1624-1689) avait parfaitement établi le diagnostic différentiel entre ces deux maladies. Le roi mourut beaucoup plus tard, à 73 ans, victime cette fois d'une authentique variole.

En même temps que l'éruption des vésicules, apparaissent des érosions des muqueuses, frappant la bouche, le nez, le pharynx, le larynx, l'œsophage, les yeux, les régions anogénitales. Ces érosions sont douloureuses.

Du 5e au 7e jour, les vésicules se transforment en pustules. La face, les paupières, les grandes lèvres sont œdématiées.

Parfois, surviennent des suffusions hémorragiques diffuses. La mort est fréquente à ce stade.

Les avortements sont habituels chez la femme enceinte. D'autres complications infectieuses peuvent survenir, en particulier les conjonctivites staphylococciques compliquées de panophtalmie.

La variole était responsable du tiers des cécités autrefois observées.

Vers le 10e jour survient la phase de dissécation et de décrustation.

Le 20e jour, les croûtes commencent à tomber et la convalescence s'amorce. Chaque croûte laisse une tache brunâtre et déprimée qui se décollera peu à peu et restera indélébile.

L'exploration et la colonisation des Amériques, en propageant rapidement la variole, entraîneront d'horribles ravages.

En moins d'un siècle, la population aztèque passera de 10 millions et demi d'habitants à un million et demi. Hispaniola (Haïti) en 30 ans, passera de 1 million à cinquante mille habitants.

La rougeole et le typhus ont aussi causé des ravages au cours de cette conquête.

La fièvre jaune qui sévit chez les « Indiens » entraîne un tel dépeuplement que Las Casas propose d'importer des Noirs réfractaires à la fièvre jaune comme le seront aussi les métis.

Cette décision, en soi humanitaire, est à l'origine de la traite des Noirs, qui déversera sur l'Amérique, une main-d'œuvre recrutée en Afrique, dans des conditions épouvantables.

DE CHARLES VIII À LOUIS XIII

Pour en revenir à la vérole, on sait que les soldats de Charles VIII la rencontrent sous les murs de Naples.

Parti de France en août 1494, Charles VIII arrive à Naples le 21 février 1495.

Il prend la ville, grâce à l'appui des navires génois d'Andréa Doria.

Il est couronné roi de Naples le 20 mai.

Il quitte Naples en y laissant une garnison insuffisante et doit se frayer un chemin au retour, en se battant à Fornoue.

Ferdinand II, aidé par les Espagnols contre attaque et reprend Naples. C'est au cours de ces opérations que l'on vit éclater et fleurir la vérole qui, pendant plusieurs décades, se propagea à la manière d'une épidémie.

Elle s'étendit rapidement en Italie, en France, et en Allemagne.

La vérole, dont les manifestations sont devenues aujourd'hui beaucoup plus discrètes, revêt alors une forme épidémique.

Fracastor, dans son *De Morbis Contagiosis,* écrit :

« Il s'élevait sur la peau des pustules avec croûtes — elles commençaient chez les uns par attaquer la tête — chez les autres, elles paraissaient ailleurs — elles s'ouvraient au bout de quelques jours et rendaient une incroyable quantité de liqueur puante et vilaine.

« À peine ouvertes, elles consumaient comme de vrais ulcères, non seulement les chairs, mais aussi les os. Ceux dont les parties supérieures étaient attaquées avaient des fluxions malignes qui rongeaient leur palais, leur gosier, et leurs amygdales. Quelques-uns perdaient les lèvres, d'autres le nez, d'autres les yeux, d'autres les parties honteuses entièrement.

« Une chose qui a étonné tout le monde, c'est la chute des cheveux et des autres poils du corps. »

C'est de l'apparition de la syphilis que datent la suppression des bains publics et la mode des perruques.

Le XVIe siècle est surtout marqué par la rivalité entre la France et l'Empire austro-espagnol.

Quelques années après la victoire de Marignan (septembre 1515), François Ier ayant conquis le Milanais, Charles Quint est élu empereur d'Allemagne (28 juin 1519). François Ier cherche à gagner l'alliance de Henri VIII au camp du Drap d'Or.

La guerre commencera par des escarmouches entre Charles Quint et les protégés du roi de France : Robert de la Marck, duc de Bouillon, au Nord, met le siège devant Virton et Henri d'Albret, roi de Navarre, au Sud, aidé de l'Esparre, frère de Lautrec, conquiert la Corogne.

Charles Quint réagit :

Le Milanais et Côme se révoltent. Nassau conquiert Bouillon, puis poursuivant en France, occupe Mouzon et vient mettre le siège devant Mézières défendu par Bayard.

Nassau est obligé de lever le siège et bat en retraite en massacrant les habitants d'Aubenton.

François Ier, qui se porte au Nord, ne sait pas exploiter sa demi-victoire de Denain.

En Italie, les impériaux reprennent Milan. Le 27 avril 1521 Lautrec est battu à la Bicoque. Henri VIII, débarqué dans le Nord après avoir tenté de prendre Hesdin, rentre en Angleterre.

Dans l'Est, le duc de Guise refoule les impériaux de Neufchateau.

Au Nord, une nouvelle invasion combinée des Impériaux et des Anglais arrive sur l'Oise à Pont-Sainte-Maxence, mais les Anglais décimés par la maladie battent en retraite vers la mi-novembre.

En Italie, Bonnivet lève le siège de Milan, ravagée par la peste. Battant en retraite, il est gravement blessé.

Bayard est mortellement blessé le 30 avril.

Le 30 mai, les impériaux entrent en Provence, échouent devant Marseille le 29 septembre et rentrent en Italie où ils sont poursuivis jusqu'à Gênes par le maréchal de Montmorency.

Au lieu de stopper aux approches de l'hiver, François Ier envahit l'Italie et entre à Milan le 20 octobre.

Au lieu de prendre Lodi mal défendue, François Ier investit Pavie et le 24 février 1525 ce fut le désastre du même nom et la captivité du roi de France en Espagne.

En Allemagne, embrassant les idées de Luther, les paysans sont, dès juillet 1524, en pleine révolte. Ils forment des rassemblements de 10 à 20 000 hommes. À l'Est les Turcs sont menaçants.

Soliman II se rend maître de Belgrade en août 1521 et de Rhodes en 1522.

Charles Quint songe à repousser les Turcs, mais François Ier leur envoie un ambassadeur à Constantinople pour rechercher l'alliance du Sultan. Après de laborieuses négociations, le traité de Madrid est signé et le roi rentre en France le 17 mars 1526, après avoir embrassé sur la Bidassoa ses fils François et Henri, qui se rendent comme otages à Madrid.

En Europe Orientale, Soliman prend Prague et Louis II, roi de Bohème et de Hongrie est tué dans la bataille.

Le 22 mai 1527, Rome est prise et saccagée par les troupes impériales. Le connétable de Bourbon est tué en donnant l'assaut.

Le pape Clément VII se réfugie au château Saint-Ange.

Le sac de Rome fut effroyable. La ville fut bientôt transformée en charnier et la peste fit son apparition.

François Ier dépêche alors Lautrec en Italie avec plus de 50 000 hommes. Lautrec traverse la Lombardie, prend Pavie, qu'il laisse piller et marche sur Bologne.

En novembre 1527 la situation est stationnaire car Lautrec n'a reçu ni l'argent, ni les secours attendus. Le pape Clément VII est libéré après avoir payé à Charles Quint une rançon en argent comptant.

Fin janvier, la guerre reprend : Lautrec se dirige vers le Sud et le 3 avril 1528, il vient mettre le siège devant Naples que commande le prince d'Orange.

Malheureusement, notre allié Doria fait défection et passe à Charles Quint.

Vers la mi-juillet, une épidémie se déclare.

Les troupes françaises sont décimées. Un convoi de secours venu de Marseille, arrive trop tard et n'est pas suffisant. La cavalerie du prince d'Orange n'eut pas de mal à tailler en pièces les débris de l'armée française que le marquis de Saluces ramenait en France.

Charles Quint, à l'apogée de la gloire, reçut le 22 février 1530 des mains du pape Clément VII, la couronne des rois lombards et la triple couronne des empereurs d'Occident.

C'est alors que le destin va tourner en notre faveur : le génie épidémique va s'abattre dorénavant sur les troupes impériales.

Charles Quint est obligé d'organiser une croisade contre les Turcs. Soliman le Magnifique, maître de Prague, est aux portes de Vienne.

En avril, Barberousse (Khayr-ad-Din) s'est emparé de Tunis.

Charles Quint, débarqué près du cap Carthage, finit par reprendre Tunis, grâce aux 20 000 captifs chrétiens qui se sont révoltés à l'intérieur de la ville.

La peste surgit.

Charles Quint doit abandonner sa conquête, en laissant son allié Moulay Hassan sur le trône de Tunis, pendant que la flotte de Barberousse non détruite, ravage les Baléares.

Après une phase de calme relatif, au cours de laquelle des problèmes religieux prennent une importance accrue du fait de la propagation du luthérianisme, la guerre reprend.

François Ier envahit la Savoie où règne son oncle Charles II et la conquiert rapidement. Charles Quint réagit en reprenant le Piémont, et grâce à la trahison du marquis de Saluces qui lui livre le passage du Var, il entre en Provence le 25 juillet 1538.

Sur ordre de François Ier qui, avec Montmorency applique la politique de la terre brûlée, « on emporte les vivres, on emmène le bétail, on détruit les moulins, les fours, on corrompt l'eau des puits, on brûle les granges, on défonce les tonneaux, on boute le feu aux moissons ».

Charles Quint, à la tête de 50 000 hommes, marche sur Fréjus, entre à Aix où il se fait couronner roi d'Arles et comte de Provence, puis il passe le Rhône et vient mettre le siège devant Marseille.

La flotte d'Andréa Doria, son allié, ne peut forcer l'entrée du port car des vaisseaux sont coulés dans le chenal.

« Au vrai, l'empereur étant piégé comme un loup, sans eau, sans vivres, sans pain maintenant ; harcelée par les paysans qui de leur maquis surgissent et tuent, décimée par la dysenterie résultat de l'abus de raisins et de fruits, l'armée impériale fond ».

Le 13 septembre, Charles Quint lève le siège de Marseille.

C'est une retraite affreuse, dans un pays ravagé, où la guerre des partisans reprend de plus belle. Tous les chemins étaient jonchés de cadavres d'hommes et de chevaux pêle-mêle.

Charles Quint perdit, devant Marseille, Antonio de Leira, un de ses meilleurs capitaines.

Au Nord le comte de Nassau échoue devant Péronne et bat en retraite.

François Ier en 1538 signe à Nice, avec Charles Quint, une trêve de 10 ans ; Pendant cette trêve, Charles Quint entreprendra, aidé par les chevaliers de Malte, une expédition contre Alger qui se terminera, la tempête aidant, par un désastre.

Beaucoup de vétérans espagnols, dont le célèbre Cortès, y trouveront la mort.

Après la mort de François Ier, Henri II, le second des fils emmenés en otages, reprend les hostilités. Il occupe Toul, Verdun et Metz.

En octobre 1552, Charles Quint, entouré du duc-d'Albe et du marquis de Brandebourg, vient assiéger Metz défendu par François de Guise avec 10 000 hommes.

Au cours de ce siège, le célèbre chirurgien Ambroise Paré observe les plaies par arquebusades et pratique les premières ligatures pour plaies des vaisseaux.

Le 1er janvier 1553, après 3 mois de siège, Charles Quint perd la moitié de ses effectifs par suite du typhus et doit abandonner la partie.

Montluc a souligné l'importance de cet événement :

« Cette bastonnade fut comptée pour la plus grande que l'empereur reçut dans toute sa vie, après laquelle aussi il perdit courage, sans jamais oser plus rien entreprendre de grand. »

On peut dire que le typhus a fait échouer le plan d'unification de l'Europe dont rêvait Charles Quint.

Comment se manifeste le typhus exanthématique ?

On sait aujourd'hui qu'il s'agit d'une rickettsiose due aux déjections du pou de corps. Les lésions de grattage constituent une porte d'entrée à l'infection.

Après une période de malaise et de fatigue surviennent des frissons, des maux de tête et des vomissements continus qui se poursuivent pendant quelques jours. La fièvre survient d'emblée, élevée à 40°, les forces diminuent et vers le 6e jour apparaît une éruption sur le tronc et les membres. Il s'agit de taches ecchymotiques et pétéchiales qui disparaissent en cinq à six jours. L'état général s'altère, l'affaiblissement est extrême, une toux sèche survient.

Puis à un délire violent, très impressionnant, succède le coma. On observe des contractures musculaires, les urines sont rares, le ventre se ballonne, les selles sont fétides. Des complications immédiates peuvent survenir : pulmonaires, nerveuses, oculaires, auditives, eschares cutanées avec suppurations consécutives, gangrènes ischémiques des membres par artérite. Chez la femme l'avortement est de règle.

Quand la guérison s'établit, la température tombe vers le 10e jour et un sommeil profond survient. Des complications peuvent apparaître au cours de la convalescence qui est toujours très longue. Ce sont surtout des complications cardiaques ou artérielles avec gangrènes sèches des membres inférieurs.

La maladie est très contagieuse, d'autant que les déjections des poux et la poussière contaminée par elles peuvent rester virulentes pendant très longtemps.

Après le typhus, c'est la peste qui sévit en France.

En 1585, sous le règne de Henri III la peste redouble à Paris et pour y remédier Messieurs les Prévôts de Paris créent un officier qu'ils appellent « le prévôt de la santé ». Il va chercher les malades de la peste par tous les quartiers de la ville et les fait porter à l'Hôtel-Dieu, « au cas qu'ils ne veuillent ou n'aient les moyens de demeurer en leur maison ». Tentes et loges sont dressées vers Montfaucon, les faubourgs Montmartre et Saint-Marcel où se retirent plusieurs pestiférés qui y sont passablement nourris et pansés *(Journal de l'Étoile).*

En 1628, sous le règne de Louis XIII, la peste sévit à Lyon « les misères de la ville sont incroyables, car on ne voit par les rues que corps morts, que malades et qu'invalides, toutes les boutiques fermées et le commerce entièrement cessé. On ne trouvait pas de gens pour le soulagement des malades et pour enlever les corps décédés. On ne voyait que désespoir, maladies et infections dans les maisons des décédés, d'autant que les corps croupissaient trois ou quatre jours et parfois huit ou quinze avant qu'on ne les enlevât faute de gens ».

Au XVIe siècle sévit une maladie épidémique dont les retours offensifs furent très rares par la suite.

Il s'agit de la suette miliaire qui, apparue en Angleterre, avait fait plusieurs ravages au cours d'épidémies successives.

En 1518, elle emportait plus d'un tiers de la population.

Le roi Henri VIII épouvanté par la mort de son secrétaire Ammonius s'enfuit de ville en ville devant la contagion.

En mai 1529, la réapparition de l'épidémie arrêta brusquement la vie de Londres, et devant le nouveau danger, le roi reprit ses voyages. La suette miliaire s'étendit ensuite à l'Allemagne, aux Pays Scandinaves, à la Pologne, à la Russie.

Cette affection épidémique eut une curieuse incidence sur l'unité protestante. Martin Luther était en conflit avec le réformateur suisse Zwingle. Dans le but de mettre fin au débat, le landgrave de Hesse invita les deux réformateurs dans son château de Marbourg.

Le colloque de Marbourg se déroulait « lorsqu'on apprit soudain que la terrible suette avait gagné la région. La panique s'empara des assistants. Luther et Zwingle quittèrent Marbourg avant d'avoir pu s'entendre ».

La suette miliaire qu'on a appelée en France la suette picarde se caractérise par une éruption polymorphe et des sueurs abondantes. Les malades sont angoissés, présentent de l'agitation et des manifestations nerveuses diverses. Lorsque la mort se produit, elle succède à des signes de suffocation.

De 1720 à 1870 on a enregistré 120 épidémies en France, puis cette maladie a pratiquement disparu. La dernière épidémie eut lieu dans les Charentes en 1906.

L'épidémie s'étend avec grande rapidité par bonds successifs. Elle est de caractère surtout campagnard. L'homme serait contaminé par des puces porteuses d'un virus inconnu que transporterait le rat campagnol.

LES XVIIe ET XVIIIe SIÈCLES

La guerre de Trente Ans (1618-1648)

Éclate dans une Europe prospère, comme la peste noire avait surgi 2 siècles plus tôt dans une Europe également prospère.

L'Allemagne était un pays riche : les villes étaient florissantes, les paysans avaient quelque aisance.

Or, ce pays sera, pendant 30 ans, ensanglanté et ravagé par la guerre. Les armées vivent sur le pays, le pillage étant en quelque sorte légalisé ; ainsi vivront les troupes de Tilly, Mansfeld, Gustave Adolphe, Wallenstein, Bernard de Weimar.

La maladie a tôt fait de s'abattre sur des gens soumis à la fatigue, à l'angoisse, aux privations et souffrances de tous ordres.

L'hygiène est inexistante, les camps sont entourés de monceaux d'ordures, les cadavres ne sont pas toujours enterrés, ceux des animaux jonchent le terrain.

La dysenterie règne dans les camps, le scorbut dans les villes assiégées. Si la variole ne perd pas ses droits, les 2 grandes pourvoyeuses d'hécatombes sont la peste et le typhus.

Le 20 mai 1631, Tilly prend Magdebourg : saccage, meurtres, incendies font rage, les neuf dixièmes des habitants meurent. Une épouvantable épidémie de typhus atteint les troupes de Tilly qui doit abandonner la place.

En 1632, Gustave Adolphe devra lever le siège de Nuremberg, car le typhus et le scorbut sévissent aussi bien dans ses rangs que dans ceux de la place. Les Suédois sont réputés pour leur brutalité. La rasade suédoise consiste à verser du purin dans la bouche maintenue ouverte d'un homme couché et ligoté. Les Suédois obligent les prêtres à marcher à quatre pattes, attachés sous une voiture.

Actuellement encore, en Alsace, dans la ville de Thann, les mamans menacent leurs enfants indociles de l'arrivée des Suédois.

La famine oblige les hommes à s'entre-dévorer. Beaucoup d'entre eux deviennent furieux.

Les traités de Westphalie mettront fin à la guerre.

L'Allemagne, à bout de forces, a subi un dépeuplement effroyable.

Les campagnes sont désertes, des milliers de villages sont anéantis. L'industrie ne reprendra vigueur qu'après la révocation de l'Édit de Nantes, qui amènera en Prusse des milliers de protestants Français.

La peste ne lâcha pas prise.

En 1664, survient à Londres sous le règne de Charles II, une grave épidémie. Un violent incendie qui brûle la moitié de la ville stoppe l'épidémie. Londres est alors reconstruite par le célèbre architecte Christopher Wren.

De 1720 à 1721, elle sévit à Marseille, sous le règne de Louis XV.

Dans un édit du 3 septembre 1720, les échevins incitent la population à faire enlever et enterrer les cadavres.

« Messieurs les Échevins exhortent les personnes zélées qu'il y a dans la ville, d'avoir la bonté de se présenter et de monter à cheval, pour contribuer à l'enterrement et à l'enlèvement des cadavres. Outre l'attention méritoire et la gloire qu'ils acquerront de servir leur patrie dans une occasion aussi essentielle, la communauté donnera des gratifications à ceux qui voudront en recevoir et on remboursera tout ce que ces personnes zélées donneront pour l'enlèvement et l'enterrement des cadavres, tant à la ville qu'à la campagne. »

Au cours de cette peste, le chef d'escadron Langeron, le chevalier Roze et le marquis de Pille, gouverneur de la ville, prirent de bonnes mesures pour détruire les foyers d'infection et assurer les approvisionnements. De nombreux médecins risquèrent leur vie avec courage.

Monseigneur Belsunce, évêque de la ville vint très souvent visiter les malades pour les rassurer et leur venir en aide.

Au XVIIIe siècle, reparaît le mal des ardents, que nous avons vu faire des ravages du Xe au XIIe siècle.

L'ergotisme, maladie de l'ergot, revêt une allure épidémique : elle frappe avec une telle insistance les terres pauvres de la Sologne, qu'on l'appela la gangrène des Solognots. Noël, chirurgien de l'Hôtel-Dieu d'Orléans, correspond à ce sujet avec Quesnay, chirurgien de Louis XV.

En 1710, Noël fait un rapport sur la question à l'Académie Royale des Sciences. Il incrimine le grain de seigle nouveau, immédiatement après la moisson, surtout dans les années froides et pluvieuses.

Les grains corrompus sont réduits en forme d'ergot de chapon. Ils perdent leur malignité en vieillissant de quelques mois. On sait aujourd'hui que l'origine de cette maladie est un champignon parasite qui peut toucher également le blé, l'orge et certaines graminées sauvages.

L'organe de fructification de ce champignon a une forme d'ergot qui contient l'alcaloïde : l'ergotine, qui provoque la contraction des muscles lisses et en particulier de ceux des parois artérielles.

Noël donne également une description de ces gangrènes par ischémie, qui touchent les membres inférieurs et qui ont une remarquable tendance à l'amputation spontanée, la nature séparant souvent d'elle-même, le mort du vif.

Ces gangrènes s'accompagnent, au début, de très vives douleurs et aboutissent à des amputations à mi-jambe ou à la hauteur du genou.

Pendant ce même XVIIIe siècle, la variole fit rage en Amérique. Déjà le siècle précédent entre 1619 et 1769, les neuf dixièmes des indiens qui habitaient la côte du Massachusetts périrent. La ville d'Eastham, en 1763, passa de 1331 à 4 habitants.

La variole qui se propage en Amérique atteint le Canada. Pendant la guerre d'indépendance (1775-1783) l'armée du Général Washington vient assiéger Québec. 5 500 hommes sur 10 000 sont atteints par la variole. Washington doit lever le siège devant les troupes anglaises qui défendent la ville et ne sont pas atteintes par l'épidémie.

LA RÉVOLUTION ET L'EMPIRE

Le 20 avril 1792, l'Assemblée législative déclare la guerre à François, roi de Bohême et de Hongrie.

Brunswick concentre le 19 juillet, 80 000 hommes à Coblence d'où il lance, le 15 juillet, son fameux manifeste qui provoque en France une explosion de colère, et entraîne la déchéance du roi, votée le 10 août. L'avance des alliés progresse, malgré le mauvais temps.

Le 23 août, Longwy tombe en livrant 71 pièces d'artillerie et du ravitaillement pour plusieurs mois.

Du 24 au 29 août, les troupes de Brunswick cantonnent à Brancourt sous une pluie battante et dans une mer de boue.

Le 2 septembre, Verdun ouvre ses portes ; Brunswick traverse la Meuse le 5 septembre toujours sous la pluie.

Son armée est en proie à la dysenterie et fond.

Les Français ont encore devant eux 17 000 hommes ; les combattants sont très impressionnés par l'artillerie française, avant d'être mis en déroute par une troupe qui attaque avec mordant.

On a souvent dit que, sans Valmy et la courée prussienne, la Révolution eut été étouffée en 1792. Il ne faut pas minimiser l'enthousiasme des volontaires de 92, non plus que les canons Gribeauval.

Au début de la Révolution, l'artillerie française était la meilleure d'Europe, à la suite des réformes instituées par Vaquette de Gribeauval, inspecteur de l'artillerie sous Louis XV.

Grâce à lui, de Fontenoy aux campagnes de l'Empire, notre artillerie nous assura la suprématie sur les champs de bataille. Ce fut un cadeau « royal » de l'Ancien Régime à la Révolution et à l'Empire.

Les fautes des Prussiens et la vaillance française ne peuvent pas cependant tout expliquer : l'armée prussienne était essentiellement rongée par la maladie.

Dans le compte rendu de Gœthe, plusieurs éléments dominent : les Prussiens avaient, depuis le 19 août, attendu leur matériel de couchage pendant 5 jours, le ravitaillement était très mal organisé, et une sorte de famine s'était installée dans le camp, puisque Gœthe se lamente et dit :

« Nous n'avions pas la moindre nourriture — au milieu de la pluie on manquait d'eau ».

Par ailleurs, les Prussiens gardent un incroyable appétit.

Le dragon Marquant a noté dans son journal : « D'abord, ils sont gros mangeurs ; 3 Français se rassasieraient avec le repas d'un Prussien ; on a fait ouvrir un grand Prussien mort d'indigestion : on lui a tiré du ventre 7 livres de lard cru. »

« On comprend que ces sortes d'ogres mangèrent tout ce qu'ils trouvèrent. Toutes les pommes de terre, les fruits, les légumes de la contrée s'évanouirent sous leurs dents.

Ils dévorèrent tout le miel des ruches. Et surtout, car ils avaient soif, ils vendangèrent avidement sans attendre la maturité du raisin.

Cette histoire de raisins verts fut, semble-t-il, la cause principale des ennuis de l'armée prussienne. Une épidémie de dysenterie bacillaire éclate alors et fait courir les Prussiens ».

Dans les camps, les latrines se remplissent de sang. D'ailleurs, après Valmy, la dysenterie prussienne continue.

Le 30 septembre, 10 jours après leur victoire, lorsque les Français arrivent au camp de la Lune, ils le trouvent encombré d'hommes et de chevaux morts. Les fosses d'aisance sont pleines de sang, et Dumouriez doit faire abandonner le camp pour éviter la contagion.

Le 5 octobre, il rencontre l'épidémie à Grandpré, et doit éviter le village, devenu un cimetière plein d'exhalaisons pestilentielles.

« L'armée française assiste d'ailleurs avec humanité à la déroute prussienne. Michelet a raconté cette page de fraternisation : quand ils virent passer par charrettes les Prussiens malades, pâles de faim et de fièvre, brisés par la dysenterie, ils s'arrêtèrent court et les laissèrent passer. Ceux qu'ils prirent, ce fut pour les soigner dans les hôpitaux. À Strasbourg : soldats et bourgeois traitent avec bonté les prisonniers ; on partage avec eux le pain, la soupe ; la dépense n'était pas petite : ils étaient 3 000 hommes.

Au total, quand Brunswick repassera la frontière, un mois plus tard, après son arrivée, il aura perdu plus de la moitié de ses effectifs ».

Par ailleurs, on peut souligner, contrairement à la plupart des épidémies de dysenterie bacillaire, que dans ce cas particulier, seuls les Prussiens furent atteints et non les Français, ce qui explique peut-être l'influence de cette maladie sur le cours de la bataille.

À l'heure actuelle, la Champagne est encore le siège d'épidémies de dysenterie bacillaire. Il n'est pas exceptionnel que les troupes cantonnant à Mailly, Suippes ou Mourmelon en soient incommodées.

Les massacres de Nantes, organisés par Carrier en 1793, ont pour cause essentielle une épidémie de typhus. Les 10 et 12 mars 1793, la Vendée s'insurge. Le 22 juin, Nantes en état de siège, est attaquée le 29 et résiste. Mais la ville affamée compte 80 000 habitants auxquels viennent s'ajouter 2 000 malades et blessés évacués des armées de l'Ouest et de Brest.

La dysenterie et le typhus font leur apparition, cependant que les Républicains subissent un échec à Torfou et que Noirmoutier ouvre ses portes aux Vendéens. La Convention envoie Carrier, émule de Marat, qui fait sienne la thèse selon laquelle les bons patriotes nantais sont menacés dans leur existence par les prisonniers en proie à la maladie.

Des prêtres, enfermés sur le navire, la Thérèse, sont noyés dans la Loire. On massacre 4 000 personnes, et on entasse dans les carrières de Gigan les cadavres auxquels viennent s'ajouter ceux des 10 000 morts dus au typhus.

On retrouve là un phénomène de démoralisation et d'aberration morale, comparable au massacre des Juifs en Allemagnc au temps de la peste noire.

La campagne d'Égypte, si pleine de conséquences lointaines, fut rendue plus meurtrière par de nombreuses épidémies que les médecins français eurent tout loisir d'observer : peste, dysenterie, variole, ophtalmies purulentes.

Parmi ces médecins, se trouvaient Dominique Larrey, alors âgé de 32 ans, et Desgenettes, âgé de 36 ans, l'un chirurgien-chef, l'autre médecin chef de l'expédition.

« À la fin de mai 1798, part de Toulon une flotte de 355 bâtiments, dont 13 vaisseaux de ligne montés par 16 000 marins. Elle emporte un corps expéditionnaire de 38 000 hommes et 170 canons, commandé par 32 généraux et accompagné de 200 savants, littérateurs et artistes » (Colnat).

On en connaît les phases successives : prise de Malte les 9 et 12 juin ; débarquement à Alexandrie le 2 juillet ; bataille des Pyramides le 2 juillet et du Caire le 23.

Mais dès le 1er août 1798, la flotte est détruite à Aboukir.

Larrey et Desgenettes avaient commis l'imprudence de mettre tout le matériel et les médicaments du corps expéditionnaire sur un même bateau, qui avait été intercepté à l'aller par les Anglais.

Mais avec les ressources du bord, ils s'organisèrent.

Desgenettes ne tarda pas à déceler parmi les soldats les premiers cas d'une maladie endémique dans tout l'Extrême-Orient : la peste. Immédiatement, il isole les malades, crée un hôpital d'observation pour les suspects, instaure une surveillance des lieux fréquentés par la troupe, ordonne de brûler vêtements et objets ayant appartenu aux pestiférés.

Larrey indique dans ses directives que « les précautions les plus importantes pour se garantir de la peste sont la propreté, les lotions fréquentes d'eau froide et de vinaigre sur tout le corps... Il faut aussi proscrire l'usage des pelisses provenant des Turcs, et faire sentir aux soldats que les trous qu'ils pratiquent dans la terre sont très pernicieux ».

Bonaparte constitue un corps de 1 300 hommes pour se porter en Syrie. L'armée se met en route le 10 février 1799, et entre le 20 à El Arich.

Desgenettes découvre que les malades abandonnés par les Turcs sont atteints de la peste « il fallait s'employer à en réduire les méfaits et éviter la panique ».

Le 3 mars, les Français entrent dans Gaza, et le 7 s'emparent de Jaffa dont la population est ravagée par la peste.

Le 11 mars, accompagné des généraux Berthier et Bessières, Bonaparte visite les pestiférés de Jaffa.

Le 18 mars, les Français arrivent devant Saint-Jean d'Acre. Le Général turc El Djezar a reçu de Sidney Smith des renforts parmi lesquels Phelippeaux[1] ancien condisciple à Brienne du Général Bonaparte.

La peste continue ses ravages et fait chaque jour une vingtaine de morts dans les rangs des Français. En même temps, au cours des treize assauts que subit Saint-Jean d'Acre, nous avons 2 000 blessés.

La peste sévit à Saint-Jean d'Acre où Phélyppeaux meurt le 1er mai.

Le 20 mai 1799, Bonaparte lève le siège et bat en retraitc.

On retrouve des pestiférés à Jaffa.

C'est là que se passe l'incident au cours duquel Bonaparte aurait demandé « d'administrer une dose mortelle

[1] Phélyppeaux, qui avait fait partie de l'expédition de Quiberon, avait soulevé le Sancerrois contre la République le 13 Germinal an IV. Cette « Vendée sancerroise » était un phénomène d'autant plus étonnant que le sancerrois était en majorité protestant.

d'opium à tous les malheureux qu'on ne pouvait emmener. De la sorte, on abrégerait leurs souffrances, on leur épargnerait l'horrible sort que les Turcs réservaient aux prisonniers, on éviterait les risques de contamination des survivants ».

Dans un élan d'indignation, Desgenettes s'écria :

« Mon devoir à moi est de les conserver. »

Desgenettes s'inocula publiquement du liquide de bubon pesteux pour donner confiance aux soldats. Desgenettes s'est inoculé du pus de bubon fistulé et ouvert qui était surinfecté par des germes tels que le staphylocoque ou le streptocoque, devant lesquels le bacille pesteux avait disparu. Il ne risquait rien, mais ne pouvait le savoir. Cela n'enlève rien à son acte de courage. Seule la peste pulmonaire est contagieuse d'homme à homme.

Au retour, il faut faire le siège d'Alexandrie que les Arabes ont reprise en égorgeant tous les Français, médecins compris.

La ville est à nouveau occupée le 25 juillet.

Napoléon s'embarquera le 22 août à bord de la frégate « Muiron », commandée par Ganthaume. Il s'embarque à l'insu de Kléber qui ne l'apprendra que le lendemain. La situation était désespérée, Kléber ne perdit pas courage et essaya d'obtenir par la diplomatie ce qu'on ne pouvait obtenir par les armes. Il signa la convention d'El Arich puis il reprit la lutte, écrasa les Turcs à Héliopolis, réprima la révolte du Caire. Il s'occupait de réorganiser l'administration du pays lorsqu'il fut assassiné.

Larrey, dans ses mémoires, note qu'il est rare de voir des épidémies graves évoluer dans le même temps :

« En 1799, où la peste fut généralement assez forte dans les villes maritimes de l'Égypte, en Syrie et même au

Caire, on n'entendit point parler de la petite vérole. Dans l'an VIII (1800) nous eûmes à peine quelques incidents de peste et la petite vérole exerça des ravages, surtout au Caire. Entre ces deux épidémies, pendant le siège du Caire, survint une épidémie de fièvre jaune. ». Nous observâmes chez les blessés une fièvre putride, rémittente, bilieuse, que j'ai appelée fièvre jaune parce qu'elle a présenté les mêmes caractères que la fièvre désignée sous ce nom par les auteurs.

« Les Anglais, et notamment leurs soldats de l'Inde, n'ont pas été plus exempts que nous de cette cruelle maladie qui, dans ce climat, a offert des variétés qu'on n'observe pas dans celui des Antilles ».

Les cas de fièvre jaune signalés par Larrey, relèvent à l'évidence de l'hépatite épidémique. Cette dernière a revêtu une forme grave chez des hommes affaiblis par leurs blessures et la mauvaise nourriture.

Larrey signale la fréquence des ictères à rechutes, et la longueur de la convalescence. Il indique aussi que le Dr Savaresy, chargé du traitement des malades hospitalisés à Ibrahimbey ne dit pas dans son excellent ouvrage sur la fièvre jaune, qu'il l'ait observée en Égypte. La mission anglaise à Jaffa fut touchée par une épidémie de même caractère.

« En l'an IX (1801), la peste dévasta la haute Égypte et détruisit un grand nombre d'habitants de la capitale, mais la petite vérole n'y parut point. Pendant le siège d'Alexandrie, nous fûmes affligés d'une épidémie scorbutique qui se répandit généralement sur les habitants de la ville, et les individus de l'armée ».

Larrey *connaît le scorbut,* mais en ignore bien sûr la cause.

Arrêtons-nous un peu sur le scorbut qui, dans l'histoire et en particulier au cours des guerres, a fréquemment revêtu une forme d'aspect épidémique.

Ce n'est que vers la fin du XIXe siècle et au début du XXe, que seront percés les mystères des maladies par carence, ainsi que celui des maladies transmissibles par insectes vecteurs, telles que la fièvre jaune. Au cours du scorbut, les gencives saignent, puis se gangrènent, répandant une odeur infecte.

Les sujets sont atteints par une fatigue intense.

On connaît le scorbut de Damiette (1248-49) d'après les relations de Joinville.

En 1497, le scorbut éclate dans l'escadre de Vasco de Gama qui n'a pas reçu, depuis 4 mois, de ravitaillement végétal.

L'expédition de Jacques Cartier, au Canada en 1535, allait toute entière périr du scorbut, si les Indiens n'avaient sauvé les survivants avec des infusions de bourgeons de sapin.

Le navigateur anglais Hawkins appellera le scorbut la peste de mer.

Le rôle curatif des légumes et fruits frais doit apparaître très tôt aux Portugais puisque dès 1562, ils s'installent à Sainte-Hélène pour y créer des potagers.

Les Hollandais créent des relais du même ordre au Cap et à l'île Maurice.

En 1747, un médecin écossais, James Lind, montre que les marins traités par du jus d'orange ou du jus de citron, guérissent presque instantanément du scorbut.

« Les épidémies mixtes » de typhus et de scorbut, en 1745-1756 et surtout en 1759, nous coûtèrent le Canada.

En 1759, l'Amiral Hawke, pour tenir le blocus de Brest, exige, faute de citrons, un approvisionnement massif à la mer, par convoi, de vivres frais, viande et légumes, dont les oignons si chers aux Anglais.

Il put ainsi tenir la mer et le résultat fut la défaite navale des Cardinaux près de Quiberon.

Au cours de ses expéditions, échelonnées entre 1768 et 1779, Cook embarque de la choucroute et trouve sur les côtes australiennes des bancs énormes d'huîtres, riches en vitamine C.

Mais on n'a pas toujours pris ces sages mesures et les fièvres tropicales s'alliant au scorbut, ont détruit plusieurs flottes anglaises et sauvé l'Amérique espagnole de la mainmise d'Albion.

En 1779, la grande escadre franco-espagnole de d'Orvilliers est décimée par le scorbut.

Au cours des guerres de la Révolution et de l'Empire, pendant lesquelles les problèmes de santé ne sont pas mis à leur juste place, les « flottes anglaises ont adopté le jus de citron, sous l'influence de Gilbert Blane, médecin personnel de l'amiral Rodney, et du médecin Trotter. On surveille l'alimentation en vivres frais et on distribue deux cuillerées quotidiennes de jus de citron, avec 10 % de brandy, qui arrête la fermentation alcoolique du jus de citron ».

Nelson écrivait : « la chose la plus importante dans les opérations militaires, c'est la santé », et les Anglais firent de la Sicile une immense usine à jus de citron.

L'expédition de *Saint-Domingue,* en 1801-1802, peut mettre en lumière le rôle de la *fièvre jaune.*

Une magistrale étude de cette expédition a été faite par le Médecin Général Paraire.

Les Conquistadors fondent sur la côte sud d'Hispaniola leur première ville du Nouveau Mexique : San Domingo De Gusman.

Pourtant, les Espagnols y viennent peu nombreux, préférant courir l'aventure au Mexique ou au Pérou. Ce sont des flibustiers qui, au début du XVIe prennent pied dans la partie nord-orientale du territoire.

Le roi de France est leur suzerain, avant d'être leur souverain, car le traité de Ryswick, en 1697, a attribué à la France la partie orientale de la grande île.

Déjà des vaisseaux négriers déversent sans cesse leur cargaison de « bois d'ébène ».

Mouquin, citant Navaranne, précise que les armateurs de Nantes ont importé 30 000 Noirs en une seule année.

400 000 Noirs exploitent les terres des grands planteurs. La Convention abolit l'esclavage et nomme un autochtone noir gouverneur de l'île : Toussaint-Louverture qui ne cède pas aux sollicitations des Anglais et des Espagnols.

Mais Toussaint-Louverture prend le pouvoir et exerce une dictature personnelle.

Une expédition est décidée, que commandera un général de 30 ans, Leclerc, époux de Pauline Bonaparte.

Le corps expéditionnaire quitte Brest le 12 novembre 1801, prend le port de Port-au-Prince, et se heurte à une résistance acharnée.

Le gros des forces ennemies est finalement encerclé. Toussaint-Louverture, fait prisonnier le 2 mai 1802, est déporté en France où il mourra au Fort de Joux.

C'est alors qu'explose une épidémie de fièvre jaune qui prend une extension terrible, et d'emblée, la mortalité est effroyable.

La fièvre jaune est une hépato-néphrite grave transmise par la piqûre d'un moustique. Elle se caractérise par l'apparition d'un ictère progressif et flamboyant, parfois rouge. La température atteint 40 degrés, le malade éprouve une sensation de malaise généralisé, de l'insomnie, des céphalées, un véritable coup de barre lombaire. Le faciès est vultueux, les yeux injectés, les lèvres et les paupières œdématiées. La soif est vive. De violentes crampes d'estomac s'accompagnent de vomissements striés de noir ou donnent un liquide foncé teinté par le sang.

On sait aujourd'hui que le virus amaril n'existe dans le sang des malades que pendant les premiers jours de la maladie.

C'est donc uniquement pendant les premiers jours et pendant la phase rouge et inflammatoire que le sang est infectieux. C'est pendant cette période qu'il faut mettre le malade à l'abri des moustiques agents vecteurs de la maladie. Il faut donc en faire le diagnostic le plus tôt possible. Celui-ci repose essentiellement sur l'absence d'hématozoaires du paludisme sur les lames de sang examinées et sur la constatation d'une protéinurie importante et progressive. La fièvre jaune est une maladie à marche rapide, brutale et tragique.

Entre la phase rouge du début et la phase jaune terminale caractérisée par l'ictère, les hémorragies, l'anurie, survient habituellement une période de rémission caractérisée par la chute de la température la décoloration du visage, la disparition des phénomènes douloureux. Le malade se sent mieux, l'entourage reprend espoir, mais ce n'est qu'une période de transition vers celle des hémorragies : épistaxis, vomissements de sang noir (vomito negro) de selles noires (mœlena). À partir de ce moment, on ne peut plus rien pour le malade dont les organes sont trop profondément touchés.

Le plus souvent la mort survient par collapsus ou dans le coma.

En cas de guérison, celle-ci est suivie d'une très longue convalescence.

Il peut être utile de faire le diagnostic post-mortem lorsqu'on soupçonne la fièvre jaune. La ponction biopsie du foie rend alors les plus grands services.

Le Général Lacroix rapporte l'histoire des ravages de la fièvre jaune.

« Vingt de nos généraux n'étaient plus, il était arrivé successivement 34 000 hommes portant fusil : 24 000 étaient morts, 7 000 gémissaient dans les hôpitaux. Les renforts au fur et à mesure de leur arrivée, étaient dévorés quelques jours après leur débarquement, sans avoir eu le temps d'entrer en ligne et de ne faire aucun service.

« Les médecins avaient bien noté l'absence de contagion directe et Gilbert médecin en chef ne connaissant pas encore le rôle de l'insecte inoculateur, avait fait instaurer une véritable prophylaxie anti-moustique en faisant camper la troupe sur les lieux élevés, loin des lagons et de l'embouchure des rivières ».

En août 1802, la révolte reprend.

Leclerc meurt de la fièvre jaune le 2 novembre.

Pauline et son fils sont rapatriés le 1er janvier 1803.

Les Français qui restent devront capituler en novembre 1803.

Un lieutenant de Toussaint-Louverture, Dessaline, et ses partisans, se livreront alors au massacre de tous les blancs, sans oublier, les malades et leurs médecins dans les hôpitaux.

Comme l'a écrit un des chefs survivants de cette désastreuse expédition :

« Le service médical a payé un lourd tribut, mais jamais la perspective d'une mort prochaine et à peu près inévitable n'a pu, un seul instant, écarter ces hommes de leur devoir et de la route de l'honneur... »

« Le visiteur qui porte ses pas dans le cloître du Val-de-Grâce, à Paris, ne peut manquer de remarquer 2 plaques de marbre noir de grande surface qui ont pour intitulé : Expédition de Saint-Domingue - An X - An XIII.

Cette date (1802-1803), bien connue des épidémiologistes, marque l'anéantissement d'un corps expéditionnaire et le sacrifice quasi total de son service de santé.

Ces plaques portent les noms de 140 médecins et de 42 pharmaciens, victimes de l'épidémie de fièvre jaune. Quant à l'île de Saint-Domingue, partagée aujourd'hui entre la République de Haïti et la République dominicaine, elle a sa place fixée dans l'histoire du monde, à plus d'un titre. C'est de là en effet, nous l'avons souligné plus haut, que les capitaines castillans nous rapportèrent le tréponème de la syphilis » (Paraire).

D'importantes épidémies de typhus marquèrent la campagne d'Espagne en 1808-1813.

Il y avait bien eu des cas de typhus en Autriche et en Allemagne, après Austerlitz, Iéna, Friedland et Wagram, mais les médecins arrivèrent à en limiter l'extension. Les conditions dans lesquelles étaient soignés les blessés étaient cependant lamentables.

J'extrairai de l'excellent ouvrage d'Albert Colnat, les citations qui donneront une idée sur les conditions qui favorisaient au plus haut point l'extension de l'épidémie, sur la façon dont étaient faites les évacuations, sur la place qui était faite au service de santé.

« À Burgos, l'hôpital est établi dans un vaste couvent de Saint-François. Il est encombré, empoisonné, horriblement sale.

Au lieu de 550 malades qu'on pourrait y placer d'une manière salubre et commode, il y en a 1 100. Aussi, la mortalité est-elle effrayante. La ville de Burgos n'est plus qu'un cloaque. Toutes les maisons sont pleines de Français qui sont devenus plus sales que les Espagnols. Il y a des chevaux et des mulets dans toutes les allées, dans toutes les églises, dans tous les cloîtres. Les rues sont salies d'excréments à ne savoir où mettre le pied. La boue, les fumiers, les mares d'urines, les débris de boucherie répandent une odeur infecte.

La cour de la résidence de Sa Majesté n'est pas plus propre que le reste de la ville. J'ai vu une rivière d'urines d'hommes et d'animaux et des tas de fumier pourri mêlé de viande, d'ossements et d'excréments humains qui en rendait l'aspect aussi insupportable que la puanteur en est extrême ».

Si l'on écoute le Baron Percy, Chirurgien en chef de l'armée, et égal en science et en prestige à Dominique Larrey, la même impression se dégage :

« Ma voiture était déjà devant et mon cheval m'attendait à la porte, lorsque j'ai trouvé plus de 80 voitures de blessés et de malades se dirigeant vers l'hôpital de la Conception. Dès lors, j'ai renoncé à mon projet de départ pour m'occuper de ces infortunés. Environné de 10 chirurgiens accourus pour me seconder, je me suis mis en devoir de faire porter les blessés et de les gîter le moins mal possible. Il y avait 5 jours que la plupart n'avait pas quitté la charrette qui leur avait servi de moyen de transport et de lit ; leur paille était pourrie, quelques-uns avaient sous eux un matelas qui était sali du pus de leurs plaies et de leurs excréments ; ils étaient couverts de lambeaux de tapisserie, de rideaux et de pièces de damas, de mauvais draps de paysans.

Nous les avons descendus, non sans peine, et plusieurs ayant besoin d'aller à la selle, il a fallu les tenir suspendus pour leur en donner la possibilité. Les plaies n'avaient pas été pansées depuis plusieurs jours, ou l'avaient été légèrement, plusieurs étaient déjà gangrénées. Quelques fractures s'étaient assez bien maintenues d'autres étaient dans un état des plus fâcheux... Il n'y a rien pour coucher ces pauvres gens, pas même une paillasse, pas même de la paille ».

Et cette citation encore, où Percy dépeint l'impéritie dramatique due aux intendants et aux administrateurs de tous poils, qui ont la haute main sur le service de santé :

« La mortalité est effrayante et hors de proportion dans presque tous nos hôpitaux. Ceux de Pampelune seraient bientôt déserts par l'énorme quantité de malades qui y périssent chaque jour, si les cadavres de ces infortunés n'étaient aussitôt remplacés, sans changement de grabats, par de nouveaux malheureux qui y mourront à leur tour, et toutes ces victimes de l'encombrement de la plus détestable administration, de l'insouciance des autorités, des spéculations de l'avarice, la mort les choisit parmi les jeunes conscrits de 20 ans. Il est vrai que ces soldats sont déjà épuisés lorsqu'ils arrivent à l'armée. La route, la mauvaise nourriture, la vermine, les insomnies, l'habitation pendant la nuit dans des églises froides, dans des couvents abandonnés où des milliers d'hommes et surtout de prisonniers espagnols abandonnés ont laissé leurs ordures, et où il faut coucher sur la dure, sur le pavé, exposés au froid, à l'humidité, aux émanations putrides et infectes. Toutes ces causes et surtout la nostalgie qu'elles contribuent encore à augmenter, jettent ces nouveaux soldats dans l'état le plus fâcheux et déterminent bientôt les maladies qui les moissonnent ».

La plupart périssent épuisés, ils s'éteignent sans regret ni douleur. La dysenterie en tue un grand nombre, la fièvre nosocomiale en fait succomber encore davantage, et les mauvais soins, la malpropreté, le défaut de secours, la pénurie de linge, le manque de médicaments, le méfitisme des salles convertissent des hôpitaux hideux et dégoûtants, en autant d'asiles de la mort, où, comme le dit le soldat lui-même en vrai cimetière.

Les médecins et les chirurgiens meurent, pêle-mêle, avec les autres malades.

« On en perd souvent : à Pampelune et à San Sébastien, de jeunes étudiants arrivant de France se trouvent tout à coup dans une atmosphère empestée. Pleins de la première ferveur, ils s'abandonnent à leur zèle et à leur sensibilité et bientôt ils sont sacrifiés avec ceux qu'ils croyaient pouvoir sauver ».

La guerre d'Espagne sonnera le glas de l'Empire. De 1808 à 1813, nous perdons 200 000 hommes sur les 400 000 engagés dans cette campagne. Il ne fait pas bon non plus tomber aux mains des Espagnols.

Le Général Dupont capitule à Baylen avec 24 000 hommes. Au lieu de les rapatrier, comme le stipulait la capitulation, les Espagnols les enferment sur les pontons ou dans l'île de Cabrera dans des conditions de nourriture et d'hygiène déplorables. Il n'en rentrera que 1 500 en France...

Au Général Legendre qui s'alarme de ces pertes, Napoléon répond : « Il y a assez d'hommes en France... ».

Il n'est pas étonnant que les jeunes hommes se cachent dans les bois pour éviter la conscription. Cela remonte d'ailleurs aux campagnes de la Révolution. En septembre 1789, on comptait 16 000 déserteurs. En 1789, on n'avait reçu dans les corps de troupe que 24 000 conscrits au lieu de 100 000 attendus.

La campagne de Russie va précipiter la chute de l'Aigle.

Quelques éléments sont à retenir : la grande armée de 500 000 hommes, compte de nombreuses troupes alliées venues de tous les pays d'Europe.

De nombreux hôpitaux sont prévus, échelonnés sur le parcours... Les premières pertes importantes touchent les chevaux. Le fourrage manque et ils doivent se nourrir de vert. Du Niemen à Vilna, la route de l'armée sera jalonnée par 9 000 carcasses de chevaux.

Le ravitaillement des hommes suit mal. Les soldats se livrent au pillage. La dysenterie apparaît. Vilna est occupée le 28 juin. Les relations de Henri de Roos et celles de De Kerckhove sur les hôpitaux sont comparables à celles que nous connaissons sur l'Espagne. De Kerckhove estime que l'armée compte au moins 80 000 malades.

Malgré tout, la progression continue et l'armée atteint Minsk, puis Tepsk, Polotsk, Smolensk. Lorsque la grande armée arrive à la Moskova, le 7 septembre 1812, il n'y a plus que 150 000 hommes.

Ce fut une bataille acharnée : 80 à 90 000 hommes restèrent sur le terrain, dont 30 000 Français.

Il n'y avait rien pour soigner les blessés qu'on entassait pêle-mêle. Les descriptions de l'église de Borodino et du couvent de Kolotskoiev remplis de ces malheureux, sont connues. La gangrène et le typhus apparaissent.

Napoléon entre à Moscou le 14 septembre. Les hôpitaux peuvent recevoir les blessés, mais le soir, la ville flambe et le feu se communique aux hôpitaux où il y avait 20 000 malades et blessés.

Le 18 octobre, Murât est battu à Winkovo et les Français quittent Moscou le 19, avec 80 000 hommes.

On connaît le long calvaire de la retraite de Russie et le passage de la Bérésina le 29 novembre.

Début décembre, on atteint Vilna, on laisse 25 000 hommes dont 3 000 survivront.

En janvier 1813, on laisse 1 000 hommes à Koenisberg.

Le typhus fait des ravages et atteint la population. Napoléon qui a regroupé 500 000 nouveaux conscrits, est vainqueur à Lutzen et à Bautzen, en mai 1813, puis ce sera la défaite de Leipzig et la Campagne de France.

La population allemande est d'abord très touchée par le typhus qui décime surtout les populations urbaines. En 1813, à Mayence, on dénombre 25 000 morts sur 60 000 habitants. À Leipzig en 1815, il y a 14 000 morts sur 20 000 habitants.

Le typhus envahit ensuite la France où il sème dévastation, épouvante et démoralisation. La mortalité est considérable et difficile à chiffrer dans la population.

« La capitulation de Paris, l'abdication de l'Empereur, l'occupation étrangère, l'amputation territoriale, ne réveillent pas l'énergie française. Le typhus l'a anéantie ».

LES TEMPS MODERNES

Le choléra qui sévissait dans l'Inde en 1817, fera son apparition à Paris en mars 1832.

Originaire du delta du Gange, il sévissait depuis longtemps dans l'ensemble des provinces de l'Inde. Les Portugais et les Anglais le connaissaient. Cette description de Corréa en témoigne :

« Les douleurs étaient si poignantes et avaient un caractère si terrible que le pire des poisons paraissait être en cause, comme semblaient le prouver les vomissements et la déshydratation consécutive, l'estomac étant comme desséché. Les crampes qui atteignaient les tendons des articulations et la plante des pieds déterminaient des souffrances si vives que le malade semblait moribond. Les yeux perdaient progressivement leur sensibilité, tandis que les ongles des pieds et des mains noircissaient et présentaient une voussure ».

L'incubation du choléra est de courte durée en général de 2 à 3 jours. Il existe une diarrhée et des vomissements peu marqués, depuis 5 à 8 jours, quand brusquement la maladie change d'allure : vomissements et diarrhée deviennent intenses et le syndrome algide apparaît. Parfois, le début est brusque en pleine santé ; les manifestations digestives et l'algidité sont d'emblée intenses.

Toutefois, le cholérique vomit abondamment, souvent en jet continu avec des efforts qui l'épuisent. La crise de nausée terminée, le malade tombe effondré sur son oreiller, cherchant un repos malheureusement de trop courte durée, car bientôt un nouvel accès survient ; le plus souvent, la diarrhée est intense et aqueuse, jusqu'à 15 et 20 selles par jour. Elle est de plusieurs litres de liquide blanchâtre et riziforme.

Par suite de la déperdition d'eau, la soif devient vive et impérieuse. Le cholérique ne cesse de boire, ce qui a pour effet d'augmenter les vomissements.

Des crampes pénibles surviennent qui arrachent des cris au malade. On peut les observer dans tous les muscles, mais surtout aux mollets. Le collapsus cardio-vasculaire est fréquent. Les urines sont rares. L'intelligence est conservée. Ces malades froids et glacés répondent aux questions alors que le cœur bat à peine.

Le cholérique algique est cyanosé. La teinte de sa peau tire sur le violet. Tantôt cette coloration est localisée aux extrémités (mains, ongles, nez, oreilles), tantôt elle est disséminée sous la forme de marbrures à la surface du corps, voire généralisée à tout le tégument.

Les yeux sont excavés, entourés d'un cercle noirâtre. Les paupières cyanosées sont sèches, demi-closes, et laissent voir une partie du globe oculaire éteint. Les pupilles sont le plus souvent délavées. Les joues sont creuses, les lèvres sont collées contre les dents. La peau se laisse plisser et garde le pli. Le corps est recouvert d'une sueur froide et visqueuse. Le malade est agité, toujours découvert, se plaignant d'une insomnie persistante et tenace, qui épuise ses forces. Il se retourne continuellement dans le lit avec une certaine brusquerie, faisant parfois de véritables bonds. Cette agitation dure jour et nuit. Elle peut être entrecoupée de crises dites bulbaires au cours desquelles la dilatation pupillaire augmente jusqu'à disparition de l'iris.

Lorsque le choléra atteint des alcooliques, ceux-ci présentent des crises de delirium tremens avec hallucinations de l'ouïe et de la vue.

La dyspnée est le plus souvent continue avec angoisse précordiale et constriction thoracique. Les crises dyspnéiques peuvent revêtir l'intensité de celles de l'accès de croup. La mort subite n'est pas exceptionnelle, sans qu'une aggravation particulière de l'état du malade puisse la faire redouter.

Le cholérique algique et cyanosé meurt en quelques minutes. Parfois, le blessé meurt dans le coma, sans que surviennent ces luttes terribles de l'algidité cyanotique.

Le choléra est grave chez les femmes enceintes. L'avortement est presque constant. Il faut signaler qu'au cours du choléra, la lactation n'est pas arrêtée et que le lait n'est pas toxique pour le nourrisson.

Quand le malade guérit, la convalescence survient cinq à quinze jours après le début de la maladie, parfois plus tard.

À la fin d'une épidémie, les cas sont plus bénins, par diminution de la virulence des germes.

Quand on connaît l'hygiène de la capitale et celle des grandes villes de France, à cette époque, cela n'est pas fait pour surprendre.

On ignore alors les règles les plus élémentaires de l'hygiène individuelle et collective. On boit l'eau de Seine où se déversent les égouts et les résidus des urines. Il y a environ 30 000 puits plus ou moins souillés. L'évacuation des eaux usées se fait sous forme d'un ruisseau qui coule au milieu de la rue.

Ce ruisseau est vite transformé en bourbier si une grille d'écoulement est bouchée. Les produits de vidange des fosses d'aisance sont déversés à l'emplacement actuel des Buttes Chaumont.

Pour éviter que le bruit des voitures ne les incommode, les gens répandent du fumier devant leur porte ; on conçoit que les rues soient rapidement transformées en cloaques. À la place actuelle des Halles, se trouvait le charnier des Innocents, où l'on enterrait depuis des siècles.

La fièvre typhoïde régnait à l'état endémique.

Le choléra apparaît donc à Jessore, sur le delta du Gange, en août 1817. Il atteint Ceylan, l'île Maurice et l'île Bourbon, les îles de la Sonde, le Siam, l'Indochine, la Chine.

Il atteint en 1821, la Perse, puis la Turquie et met fin à une guerre entre ces deux pays.

Il sévit ensuite jusqu'en 1823 en Mésopotamie et en Syrie. En 1826, il réapparaît dans le Bengale et revient en Perse en 1827. La Perse est alors en guerre contre la Russie qui vient de lui enlever l'Eviran, la Géorgie et le Caucase.

C'est une lutte meurtrière qui coûte aux Russes 140 000 hommes. Mais le choléra ravage et affaiblit la Perse. « La lutte séculaire pour la possession du Caucase et des rives de la Caspienne, qui a coûté tant d'hommes aux Russes et aux Perses, se clôt grâce au choléra par la victoire des Tsars. »

Puis l'épidémie continue sa route par la Russie, la Pologne, et l'Allemagne du Nord. Elle atteint l'Angleterre en février 1832 et la France le 26 mars de la même année.

L'état de Paris est décrit de la façon suivante, par Lucas du Breton : « sur 48 quartiers, 28 situés au centre ne comprennent que le cinquième du territoire de la capitale et renferment cependant la moitié de la population. »

« Les maisons sont d'une hauteur hors de proportion avec la largeur de la rue et les habitants étouffent. Des bâtisses de 5 étages, aux logements bas, étroits, n'ont pas de cour. Les plombs donnent sur les escaliers, et en cas de débordement, le flux putride s'écoule de marche en marche. Quant au portier, il a moins de place qu'un condamné à mort. Parmi ces bâtisses lépreuses, les plus effroyables sont les hôtels garnis, les logis à la nuit, fréquentés par les journaliers balayeurs et chiffonniers. On y couche pour 5 sous et les habitants sont en rapport avec la demeure. Souvent, un espace de moins de 5 pieds carrés sert d'abri à toute une famille. La rue est à l'image de la maison ; pas de trottoir, un pavé inégal au niveau duquel s'ouvrent des bouches d'égouts si mal construits que la moindre pluie noie la voie publique sous un lac de boue. Aux abords des marchés, les déchets et ordures qu'on enlève trop tard, empuantissent l'atmosphère. Un voyageur venant d'Alsace, observe que Paris s'annonce par une odeur infecte causée par le voisinage du médiéval Montfaucon (ce sont les actuelles Buttes Chaumont) qui était le dépôt des ordures et matières usées de la capitale. Quand le vent souffle de l'Est, Montfaucon empoisonne le Boulevard du Temple, le quartier du Marais et jusqu'aux Jardins des Tuileries. »

« On conçoit que l'épidémie progresse rapidement. Le 26 mars, 4 victimes, le 31 : 300 cas. Le 1er avril, Paris entier est envahi. Du cimetière Montparnasse au Cimetière Montmartre, les rues sont sillonnées de convois mortuaires : le corbillard payant qui achemine avec quelques cérémonies, le char gratuit où les morts sont entassés, gerbés l'un sur l'autre, comme des futailles, les fiacres, les voitures d'emprunt dont les portières ouvertes laissent dépasser l'extrémité des cercueils retenus par des cordes, des cabriolets chargés de cercueils sur leur devancière. Mais bientôt, tous ces véhicules deviennent insuffisants et l'on devra avoir recours aux voitures de déménagement où les cercueils sont empilés jusqu'à une hauteur qui approche du premier étage des maisons ».

« L'épidémie engendre l'insurrection, des massacres ont lieu dans la rue. Casimir Périer est à son tour, atteint du choléra et en meurt. De sombres descriptions abondent sur cette épidémie, qui durera 5 ans, jusqu'à l'automne de 1837. Elle aura fait 400 000 morts en Russie, 340 000 en Autriche, 100 000 en Espagne, 95 000 en France. Le choléra reviendra de 1865 à 1873 et sévira à Paris et particulièrement à Marseille. Il fera une nouvelle apparition en 1892. La terreur qu'il va répandre obligera les pouvoirs publics à prendre d'importantes mesures et l'on peut dire que l'hygiène urbaine date en France de Louis Philippe et de Napoléon III ».

Les autres villes d'Europe, Berlin entre autres, n'ont rien à envier à Paris et aux plus sales des villes orientales actuelles. Dès 1837, différentes mesures sont décidées et réalisées : construction d'un réseau d'égouts suffisant, création de champs d'épandage destinés à recevoir les eaux polluées avant leur renvoi à la Seine, recherche de sources d'eau pure, forage du puits artésien de Grenelle, pavage des rues, suppression de la voirie de Montfaucon, éloignement des cimetières. Ces travaux d'urbanisme atteignirent leur plein épanouissement avec Haussmann auquel Napoléon III en 1853 confia l'aménagement de Paris.

En somme, le choléra a joué un rôle déterminant en provoquant des mouvements d'opinion publique qui sont à l'origine des travaux d'assainissement indispensables. La crainte de l'épidémie déclencha cette vaste action d'hygiène urbaine, dont la vigilance doit d'ailleurs être constante.

Si le choléra ne s'est pas éteint sous le Second Empire, d'autres maladies redoutables sévirent, en particulier la variole : en 1870, 125 000 cas sont survenus, entraînant 23 400 décès.

Cela nous paraît d'autant plus surprenant que Jenner avait découvert la vaccination antivariolique depuis 1796. La première loi sur la vaccination antivariolique fut adoptée aux E.-U. en 1840, après une épidémie qui, ayant duré 3 ans, avait provoqué 41 000 décès. La vaccination n'était pas obligatoire en France en 1870. Pendant que la variole emportait plusieurs milliers de soldats français, elle n'entraînait la mort que de 297 soldats allemands chez lesquels la vaccination était appliquée. De nombreux cas de variole furent dénombrés parmi la population civile pendant le siège de Paris.

Il faut rappeler que la dysenterie bacillaire qui avait décimé les Anglais après Azincourt, les impériaux à Valmy, la Grande Armée en Pologne, commençait à décimer l'armée prussienne, qui investissait Metz. Elle compta en 1870 : 38 600 malades et 2 000 morts.

Enfin, la fièvre jaune eut à deux reprises un rôle important dans cette période de l'histoire du XIXe : l'expédition du Mexique et le percement du canal de Panama. L'expédition du Mexique devait être initialement une expédition internationale avec participation anglaise, espagnole et française. « Elle débuta en 1861 comme une croisière aux escales prestigieuses : Santa Cruz de Ténérife, la Martinique, La Havane, avant de tomber en janvier 1862 dans l'étuve à la chaleur accablante et visqueuse de la Veracruz, domaine du mystérieux : « Vomito negro ».

Il faut à tout prix, établir des cantonnements salubres dans la zone de climat à l'air vif et sain du plateau d'Anahuac où est situé Pueblo. En avril 1862 les Anglais et les Espagnols se retirent. Les troupes françaises pénètrent à l'intérieur du pays et Bazaine occupe Mexico en 1863. Quatre hôpitaux y sont créés, ainsi qu'un dépôt de convalescents à Tacubya, à 6 km de la ville.

L'état sanitaire est bon à l'intérieur du pays. En février 1863, arrive le bataillon égyptien qui vient d'être mis à la disposition de Napoléon III par le roi d'Égypte, composé de Noirs du Soudan. Ces hommes présentent une bonne résistance aux accès palustres et à la fièvre jaune. Ce bataillon rendra d'excellents services dans les terres chaudes où ils sont stationnés. Cependant, progressivement, la situation se détériore. Les « résistants » se dressent de tous côtés. Dès 1866 commence le repli, et en 67 le corps expéditionnaire embarquera par échelons.

La fièvre jaune entraîna aussi l'échec français du percement de l'isthme de Panama, commencé par de Lesseps en 1881. Le creusement de la tranchée de la Culebra est resté célèbre. L'arrêt des travaux fut en grande partie dû à l'hécatombe des ingénieurs et des ouvriers. Il y eut 52 000 morts sur les 82 000 personnes travaillant au percement du canal.

Walter Reed mit en lumière le rôle de l'insecte vecteur. Grâce à la prophylaxie mise au point, il permit aux Américains de terminer ce travail en 1914.

Aujourd'hui, le vaccin antiamarile permet de lutter contre ce danger.

LE XXe SIÈCLE

Au cours de la guerre 1914-1918, plusieurs épidémies eurent lieu. Les Français subirent au cours de l'hiver 1914-1915, une grave épidémie de rougeole qui entraîna des pertes importantes, parmi les contingents d'origine rurale. Surtout, le sort de l'armée française fut mis en péril en décembre 1914 et janvier 1915, par une grave épidémie de fièvre typhoïde. Cette dernière sévissait avec une intensité terrible, surtout dans les armées de l'Est et du Nord. Pour enrayer cette épidémie qui prenait une tournure foudroyante, on chargea Hippolyte Vincent, Professeur du Val-de-Grâce, d'appliquer la vaccination anti-typhoïdique, qu'il avait découverte. Cette vaccination porta sur près de 8 000 000 d'hommes, sur le front comme à l'arrière. Le Maréchal Joffre a dit de Vincent qu'il avait été le meilleur artisan de la victoire...

En 1915, au cours de l'expédition des Dardanelles, sévirent le paludisme et l'hépatite épidémique.

On connaît aussi la violente épidémie de grippe, dite « espagnole » qui se manifesta en 1918 d'abord parmi les troupes, avant d'atteindre la population. Elle s'étendra jusqu'aux E.-U. et à la Chine, et fit dans le monde, 20 000 000 de morts faisant plus de victimes que la peste en trois quarts de siècle. Mais elle survint trop tard pour influencer les événements militaires !

Le typhus fit des ravages sur le front oriental. On ne vit sur le front occidental ni peste ni typhus et pourtant les rats et la vermine ne manquaient pas. Sur le front oriental, les Autrichiens ont pris, en novembre 1914, Belgrade. En décembre, les Serbes contre-attaquent et font 60 000 prisonniers autrichiens qui apportent le typhus : en tout, il tua 20 000 hommes et 150 médecins sur 300. En janvier 1917, le typhus apparaît en Moldavie, pour sévir jusqu'en juin. Les pertes roumaines seront de 100 000 hommes dont 350 médecins.

En Russie, le typhus sévit pendant l'hiver 1916-1917 et ravage Pétrograd. À partir de 1917, le typhus s'étend, favorisé par la guerre, la misère et les mauvaises conditions d'hygiène. Pour une large part, il sera responsable de la démoralisation du soldat et du paysan russes. En 1922, à la S.D.N. Tarasevitch fait état de 25 000 000 de cas de typhus de 1917 à 1921 avec 3 millions de morts.

Les bouleversements apportés par le conflit 1940-1945 furent à l'origine de foyers de typhus exanthématiques (Russie, Naples, Afrique du Nord). On vit également une recrudescence ou un réveil de la peste en Birmanie, en Algérie, au Maroc, au Sénégal, en Égypte et en Palestine.

Peste, choléra et typhoïde menacent aussi à chaque grand tremblement de terre.

À l'opposé des épidémies qui ravagent le monde et décident, plus que les armes, du sort des batailles, il convient de souligner que si la constitution des vastes empires coloniaux fut réalisable de 1850 à 1950 et si, par voie de conséquence, le développement actuel du tiers monde fut rendu possible, c'est grâce aux progrès de la Médecine, aux découvertes remarquables réalisées par Pasteur et tous ses successeurs et à la lutte incessante et souvent héroïque que poursuivirent les médecins coloniaux.

En 1881, Laveran, à l'hôpital militaire de Constantine, découvre l'hématozoaire du paludisme dans le sang de sujets infestés. Ce sera Ronald Ross, jeune médecin de l'Armée des Indes, qui apportera la preuve de 1895 à 1898 du rôle du moustique comme agent vecteur.

En découvrant l'agent du paludisme, Laveran permettait à un autre médecin militaire, Maillot, de lui appliquer à bon escient le traitement par la quinine.

Les hommes, préalablement décimés sur des terres fertiles, mais insalubres, allaient pouvoir s'y implanter et s'y développer.

La lutte contre le paludisme par l'assainissement des foyers insalubres et la destruction des larves de moustiques, fut entreprise tout d'abord en Algérie et sur la côte orientale de la Corse.

Nous ne revenons pas sur la prophylaxie de la fièvre typhoïde, par la vaccination et les mesures d'hygiène prises en vue d'empêcher son apparition, portant principalement sur l'épuration des eaux de boisson.

En 1893, Yersin, médecin des troupes coloniales, découvre le bacille de la peste, Roux, Borrel et Calmette mettront au point le premier sérum anti-pesteux.

C'est en 1908, à l'institut Pasteur de Tunis, que Charles Nicolle découvre que le poux est l'agent propagateur du typhus exanthématique, dont l'agent pathogène se multiplie dans l'intestin de l'insecte. C'est grâce à cette découverte qu'en 1914-1918, la France n'a pas connu d'épidémie de typhus. Les Allemands d'ailleurs appliquaient de leur côté une sévère prophylaxie dans leurs troupes. Des vaccins, mis au point par Blanc à l'institut Pasteur de Casablanca, Giroud à l'institut Pasteur de Tunis, permirent une prophylaxie plus active encore qui rendit des services au cours des campagnes d'Afrique et d'Italie (1943-1944).

Nos connaissances sur les fièvres récurrentes et leur prophylaxie sont dues aux efforts conjugués de Charles Nicolle, ainsi que d'Edmond Sergent, Émile Sergent et de Foley de l'institut Pasteur d'Alger.

Nous pourrions aussi évoquer les découvertes concernant la fièvre de Malte, la spirochetose ictoré-hémorragique.

Il convient de citer également l'œuvre de Lefrou, Blanchard, Ouzillau, Laigret en Afrique équatoriale et au Gabon, celle de Jamot au Cameroun, contre le trypanosoma gambiense, agent de la maladie du sommeil.

À tout ceci, il faudrait ajouter la lutte contre le pian, l'amibiase, la syphilis, la tuberculose et tant d'autres maladies contre lesquelles nous sommes mieux armés.

Dans une dépêche à Gallieni restée fameuse, Lyautey n'écrivait-il pas à Madagascar : « Envoyez-moi quatre médecins, je vous renverrai quatre compagnies ».

Apportons quelques chiffres rclatifs au Maroc, établis au début de 1954 pour juger de l'ampleur de l'effort entrepris dans la lutte contre les fléaux épidémiques, et les maladies contagieuses. Comme ordre de grandeur, la peste de 1911-1912 a fait plus de 10 000 morts. La variole, le typhus étaient les plus meurtriers.

	1940	1941	1942	1943	1944	1945	1946
Peste	1 099	2 337	583	393	200	828	
Typhus		1 066	28 802	16 194	3 061	8 168	3 775
Variole	1 951	2 078	1 170	793	2 678		1870

Depuis 1946, il n'y a pas eu un seul cas de peste, les cas de variole oscillent depuis 1948 autour d'une vingtaine, il n'y en n'a pas eu à partir de 1953. Il en est de même du typhus. Le paludisme a subi une régression considérable. Le drainage des marais, la régularisation des cours d'eau, la destruction des gîtes larvaires, la distribution de la quinine et des antipaludiques de synthèse, l'action des nouveaux insecticides, ont abaissé dans des proportions appréciables la morbidité relevant du paludisme. La protection totale des grosses agglomérations est pratiquement assurée. La morbidité infantile en zone d'endémie s'était considérablement abaissée le long de la côte marocaine atlantique. Au Nord de Kénitra (Port Lyautey), qui était particulièrement insalubre, la population comportait en 1952 44 % d'enfants de o à 15 ans, ce qui ne pouvait se concevoir sans une diminution de la mortalité infantile. Un effort de même ordre fut mené contre la syphilis, la lèpre, le trachome et la tuberculose. De très bonne heure, la vaccination B.C.G. fut appliquée aux masses urbaines et rurales.

Mais « nos civilisations, malgré leurs puissants moyens défensifs, ne sont pas à l'abri de nouvelles agressions pour peu que les barrières que nous leur opposons se fissurent. Au cours du dernier conflit indo-chinois, il est devenu évident qu'un Européen dépourvu de son armement défensif contre les maladies tropicales, comme ce fut le cas des prisonniers, est régulièrement tué dans l'année par la jungle et ses maladies ».

« Au cours du précédent conflit, les troupes américaines de Polynésie furent privées de quinine. Cette dernière est originaire principalement de Java et Sumatra, qui étaient aux mains des Japonais. En 1943, le seul paludisme mit 70 % des hommes hors de combat ».

Il n'est pas exclu que le génie épidémique de certaines maladies prenne un tour plus sévère.

Il faut surtout souligner qu'existent de véritables foyers ancestraux de réserves de virus. C'est le cas pour le choléra du Bengale et de tous les deltas asiatiques où « des populations nombreuses vivent au contact permanent d'une eau souillée ». C'est le cas de la variole en Éthiopie.

En 1971, les équipes de l'O.M.S. de lutte contre la variole, en ont dépisté 25 372 cas.

Bruce, qui a parcouru le pays à la fin du XVIIe siècle, relate de terribles épidémies de variole dans la province de Galas.

Certaines parasitoses peuvent prendre aussi un développement insolite, soit spontanément, soit du fait de l'intervention des hommes.

Au Ghana, la construction du barrage d'Akosombo et la création du lac Volta a favorisé le développement d'un petit mollusque, hôte intermédiaire du schistosoma, agent de la bilharziose. Cette maladie a tendance à s'étendre de par le monde, puisqu'elle touche près de 300 millions d'individus. Elle se développe en relation avec les travaux d'irrigation que nécessite le développement économique des pays tropicaux et subtropicaux.

Aux épidémies que nous venons de voir, viennent s'ajouter de véritables épidémies de traumatismes, dues soit aux modes de locomotion, soit aux explosifs. En cas de conflit, les armes chimiques, voire bactériologiques, causeraient des ravages. Une guerre nucléaire poserait d'immenses problèmes de survie.

A distance des zones détruites, les animaux et les végétaux seraient contaminés. Même les pays qui disposeront de conserves, se trouveront affrontés, faute d'aliments frais, à un redoutable problème d'avitaminose C.

Bien que nous nous éloignions de notre étude, la possibilité d'un conflit atomique doit être évoquée. Plaise au ciel que les hommes aient la sagesse de l'éviter car sa survenue risquerait d'entraîner la disparition du genre humain — plus sûrement même que celle des réservoirs de virus !

BIBLIOGRAPHIE

ALMASY P. — *Mon journal de Sodamo* — Q.S. Roger Bellon - Avril 1973, n° 4.

AYNEL. — *Un petit mollusque aquatique défie les projets des hommes.*

BÉRANGER FERRAUD. — *Traité théorique et clinique de la fièvre jaune*, Doin et Cie.

BOLOT F. — Aperçus sur l'œuvre médicale française au Maroc. *Maroc Médical* n° 346, 1954.

BRES, CAUSSE, ROBIN, CORNET ET DART. — L'épidémie de fièvre jaune de 1965 au Sénégal. Travail de l'institut Pasteur de Dakar.

BROUARDEL ET NOSNY. — *Traité d'hygiène.* J.-B. Baillière et fils, 1927.

CAMUS Albert. — *La Peste.*

CARRE A. — Vitamines C et scorbut à travers l'histoire maritime. In *Maroc Médical.*

CAZANOVE. — Diagnostic et prophylaxie de la fièvre jaune in *Les grandes endémies tropicales*, Vigot frères édit.

COLNAT A. — *Épidémies et histoire*. Le François édit., 1937.

DESTAING F. — Valmy ou les raisons de la défaite. *La nouvelle Presse médicale,* 8-15 juillet 1972.

DUKES M.N.G. — *La peste à Londres*, 1665-66.

EYDOUX H.P. — *St-Louis et son temps*. Larousse, 1971.

FAVRE R. et F. — Civilisations et pathologie. *Sandorama* n° 6, 1967.

GANIÈRE P. — *Les pestiférés de Jaffa.*

GIRARD G. — *La peste dans le monde actuel. Études médicales 1964*, 1, rue Roustan el Maksi. Fagalla Le Caire.

HOUDÉ. — Laboratoires. Monographies. Influence des épidémies sur les civilisations.

LACOUR-GAYET. — *Histoire des États-Unis.* — Fayard 1976.

LARREY D. — *Mémoires de chirurgie militaire*, 3 tomes, 1812.

LAULAN R. — La grande peste noire de 1347-1350. *Presse médicale* 77, n° 17, 5-4. 1969-

LAURENT C. — *Histoire de la vie et des ouvrages de P. F. Percy*. Imprimerie Dumont, Versailles 1827.

LENOTRE G. — La première noyade de Nantes. *Historia*, nov. 1951.

LESAGE A. — *Le choléra*. Gauthier-Villard & Fils.

LEVIGUELLOUX J. et LEMBRET J. — *Le règlement sanitaire international en Médecine Tropicale*. Vol. 30, novembre-décembre 1970.

MAUROIS André. — *Histoire d'Angleterre*, Arthème Fayard 1937.

MISONNE X. — African and Indo-Australian muridae — Evolutionnary Trends - Musée royal de Tournai, Belgique. *Annales des Sciences zoologiques 1969*, n° 0172.

MOLLARET H. H. — L'arche d'alliance et la maladie des Philistins. *Presse médicale* 77, n° 55, 25-11-1969.

MOLLARET H. H. et BROSSOLET J. — Sur la mort de St-Louis. *Presse médicale* n° 55, 25-12-1966.

PARAIRE. — (Médecin général). Saint-Domingue An X-An XI. Lyon Val 1070. — (Médecin général) — Onetzalcoalt — Lyon Val 1070.

PERCY. — *Journal des Campagnes du Baron Percy avec introduction de E. Longin*, Plon, Paris 1904.

PERNOUD R. — *La fin du Moyen Age.*

POLITZER R. — *La peste*. Organisation mondiale de la Santé, Palais des Nations, Genève 1954.

— *Le choléra*. Organisation mondiale de la Santé, Palais des Nations, Genève i960.

SENCOURT Robert. — *Napoléon III*, Plon, 1935.

SENDRAIL Marcel. — *Les pestes dans l'Antiquité grecque*. Concours Médical 16-2-74.

SOUBIRAN A. — *Le baron Larrey — Chirurgien de Napoléon*. Fayard 1966.

— Napoléon — *Un million de morts*. Kent-Segep, 1969.

TERRASSE Charles. — *François Ier — Le Roi et le Règne*, 1970, Grasset.

THAPALYAL. — Les ravages du fléau (variole). *Santé du monde*, octobre 1972.

THOMAS J., CHASTEL C., ANDRÉ L. J. — Le choléra asiatique. *Société de médecine militaire*. Septembre 1971.

DE VAULX Bernard. — *Haussmann, Préfet de la Seine*.

Structures éditoriales du groupe L'Harmattan

L'Harmattan Italie
Via degli Artisti, 15
10124 Torino
harmattan.italia@gmail.com

L'Harmattan Hongrie
Kossuth l. u. 14-16.
1053 Budapest
harmattan@harmattan.hu

L'Harmattan Sénégal
10 VDN en face Mermoz
BP 45034 Dakar-Fann
senharmattan@gmail.com

L'Harmattan Cameroun
TSINGA/FECAFOOT
BP 11486 Yaoundé
inkoukam@gmail.com

L'Harmattan Burkina Faso
Achille Somé – tengnule@hotmail.fr

L'Harmattan Guinée
Almamya, rue KA 028 OKB Agency
BP 3470 Conakry
harmattanguinee@yahoo.fr

L'Harmattan RDC
185, avenue Nyangwe
Commune de Lingwala – Kinshasa
matangilamusadila@yahoo.fr

L'Harmattan Congo
67, boulevard Denis-Sassou-N'Guesso
BP 2874 Brazzaville
harmattan.congo@yahoo.fr

L'Harmattan Mali
Sirakoro-Meguetana V31
Bamako
syllaka@yahoo.fr

L'Harmattan Togo
Djidjole – Lomé
Maison Amela
face EPP BATOME
ddamela@aol.com

L'Harmattan Côte d'Ivoire
Résidence Karl – Cité des Arts
Abidjan-Cocody
03 BP 1588 Abidjan
espace_harmattan.ci@hotmail.fr

L'Harmattan Algérie
22, rue Moulay-Mohamed
31000 Oran
info2@harmattan-algerie.com

L'Harmattan Maroc
5, rue Ferrane-Kouicha, Talaâ-Elkbira
Chrableyine, Fès-Médine
30000 Fès
harmattan.maroc@gmail.com

Nos librairies en France

Librairie internationale
16, rue des Écoles – 75005 Paris
librairie.internationale@harmattan.fr
01 40 46 79 11
www.librairieharmattan.com

Lib. sciences humaines & histoire
21, rue des Écoles – 75005 Paris
librairie.sh@harmattan.fr
01 46 34 13 71
www.librairieharmattansh.com

Librairie l'Espace Harmattan
21 bis, rue des Écoles – 75005 Paris
librairie.espace@harmattan.fr
01 43 29 49 42

Lib. Méditerranée & Moyen-Orient
7, rue des Carmes – 75005 Paris
librairie.mediterranee@harmattan.fr
01 43 29 71 15

Librairie Le Lucernaire
53, rue Notre-Dame-des-Champs – 75006 Paris
librairie@lucernaire.fr
01 42 22 67 13

www.ingramcontent.com/pod-product-compliance
Lightning Source LLC
LaVergne TN
LVHW051411061026
849535LV00009B/3478